Kristallchemie

von

Dr. Josef Zemann

o. Professor an der Universität Göttingen

Mit 90 Abbildungen

Sammlung Göschen Band 1220/1220a

Walter de Gruyter & Co. · Berlin 1966

vormals G. J. Göschen'sche Verlagshandlung · J. Guttentag, Verlagsbuchhandlung · Georg Reimer · Karl J. Trübner · Veit & Comp.

Inhaltsverzeichnis

Literatur

„Klassische" Texte

BRAGG, W. H.: Atomic Structure of Minerals. Humphrey Milford: London 1937. Neubearbeitet:

BRAGG, W. L. u. CLARINGBULL, G. F.: Crystal Structures of Minerals (The Crystalline State, Vol. IV.). Bell & Sons: London 1965.

BRAGG, W. L.: The Crystalline State. Vol. I. A General Survey. Bell & Sons: London 1933; 3. verbesserter Druck 1949.

GOLDSCHMIDT, V. M.: Geochemische Verteilungsgesetze der Elemente.
VII.: Die Gesetze der Krystallochemie.
VIII.: Untersuchungen über Bau und Eigenschaften von Krystallen. Skrift. Norske Vid. Akad. Oslo, math.-nat. Kl. 1926 Nr. 2 und 1927 Nr. 8.

GOLDSCHMIDT, V. M.: Kristallchemie. In „Handwörterbuch der Naturwissenschaften" Bd. 5. Fischer: Jena 1934.

HASSEL, O.: Kristallchemie. Steinkopff: Dresden u. Leipzig 1934.

Einige Lehrbücher

ADDISON, W. E.: Structural Principles in Inorganic Compounds. Wiley & Sons: New York 1961.

BRANDENBERGER, E. u. EPPRECHT, W.: Röntgenographische Chemie. Birkhäuser: Basel u. Stuttgart, 2. Aufl. 1960.

EVANS, R. C.: An Introduction to Crystal Chemistry. University Press: Cambridge, 2. Aufl. 1964.

HALLA, F.: Kristallchemie und Kristallphysik metallischer Werkstoffe. Barth: Leipzig, 3. Aufl. 1957.

HILLER, J.-E.: Grundriß der Kristallchemie. De Gruyter: Berlin 1952.

HUME-ROTHERY, W.: Atomic Theory for Students of Metallurgy. Institute of Metals (Monograph 3): London, 4. verbesserter Druck 1962.

HUME-ROTHERY, W. u. RAYNOR, G. V.: The Structure of Metals and Alloys. Institute of Metals (Monograph 1): London, 4. Aufl. 1962.

KITAIGORODSKI, A. I.: Organic Chemical Crystallography. Consultants Bureau: New York 1961.

KLEBER, W.: Kristallchemie. Teubner: Leipzig 1963.

MACHATSCHKI, F.: Grundlagen der allgemeinen Mineralogie und Kristallchemie. Springer: Wien 1946.

NIGGLI, P.: Grundlagen der Stereochemie. Birkhäuser: Basel 1945.

PAULING, L.: The Nature of the Chemical Bond. Cornell Univ. Press: Ithaca, 3. Aufl. 1960.

ROBERTSON, J. M.: Organic Crystals and Molecules. Cornell Univ. Press: Ithaca 1953.

STILLWELL, CH. W.: Crystal Chemistry. Mc Graw-Hill: New York u. London 1938.

WELLS, A. F.: Structural Inorganic Chemistry. Clarendon: Oxford, 3. Aufl. 1962.

WINKLER, H. G. F.: Struktur und Eigenschaften der Kristalle. Springer: Berlin, 2. Aufl. 1955.

Tabellenwerke und Handbücher

DONNAY, J. D. H. (Herausgeber): Crystal Data. Amer. Cryst. Ass. (Monograph Nr. 5): Washington, 2. Aufl. 1963. (Gitterkonstanten und Raumgruppen v. Substanzen).

„International Tables for X-Ray Crystallography" Vol. 1: Symmetry Groups. Kynoch: Birmingham 1952. (Geometrie v. Raumgruppen).

PEARSON, W. B.: A Handbook of Lattice Spacings and Structures of Metals and Alloys. Pergamon: London 1958.

STRUNZ, H.: Mineralogische Tabellen. Akad. Verlagsges.: Leipzig, 3. Aufl. 1957. (Gitterkonstanten und Raumgruppen von Mineralen).

„Strukturbericht", Bd. 1—7. Akad. Verlagsges.: Leipzig 1931—1943. Anschließend „Structure Reports" Vol. 8—21. Oosthoek: Utrecht. (Referate aller Strukturbestimmungen von Kristallen. Derzeit bis zur Literatur von 1957; wird fortgesetzt).

WYCKOFF, R. W. G.: Crystal Structures. Interscience Publishers: New York u. London, 5 Bände 1948—1960. (Von einer Neuauflage sind bisher die Bände 1 bis 3 erschienen. Handbuch; wird fortgesetzt).

Einleitung

Die Kristallchemie im heutigen Sinn ist eine sehr junge Wissenschaft, die etwa in den 20er Jahren dieses Jahrhunderts entstanden ist. Die Grundlagen für sie wurden — fußend auf der v. Laue'schen Entdeckung der Beugung von Röntgenstrahlen durch Kristalle — vor allem durch die Arbeiten von W. H. Bragg, W. L. Bragg, V. M. Goldschmidt und L. Pauling, sowie deren Schülern geschaffen*). Ihr Ziel ist die Aufklärung der Zusammenhänge zwischen der Atomanordnung in Kristallen und ihrer chemischen Zusammensetzung. Auch die Auswirkungen von Atomanordnung und -bindung in Kristallen auf deren Eigenschaften werden oft zum Forschungsgebiet der Kristallchemie gezählt. Diese kurze Einführung beschränkt sich weitgehend auf die engere Auffassung, bringt jedoch auch ein Kapitel über den Realbau der Kristalle, da dieser für Diffusion und für chemische Reaktionen im festen Zustand von größter Bedeutung ist.

Voraussetzung zur Beschäftigung mit der Kristallchemie ist eine gewisse Vertrautheit mit den Grundlagen der Chemie [in Sammlung Göschen: W. Klemm „Anorganische Chemie" (Bd. 37/37a) und W. Schlenck „Organische Chemie" (Bd. 38/38a)] und der Kristallographie [in derselben Sammlung: W. Bruhns — P. Ramdohr „Kristallographie" (Bd. 210) und R. Brauns — F. Chudoba „Allgemeine Mineralogie" (Bd. 29/29a)]. Namen, Symbole und Ordnungszahlen der Elemente sind hier nochmals in Tab. 1 angegeben, das Periodische System der Elemente mit den Elektronenkonfigurationen im Grundzustand in Tab. 2. Diese beiden Tabellen

*) Vorher mußte man sich auf die Ermittlung von Zusammenhängen zwischen der chemischen Zusammensetzung von Kristallen und ihrer Morphologie beschränken. Die Namen E. Mitscherlich, F. S. Beudant, L. Pasteur und P. v. Groth sind für diese Periode (19. und frühes 20. Jahrhundert) besonders zu nennen.

Tab. 1. Die chemischen Elemente

Name	Symbol	Ordn.-Zahl	Name	Symbol	Ordn.-Zahl
Actinium	Ac	89	Natrium	Na	11
Aluminium	Al	13	Neodym	Nd	60
Americium	Am	95	Neon	Ne	10
Antimon	Sb	51	Neptunium	Np	93
Argon	Ar	18	Nickel	Ni	28
Arsen	As	33	Niob	Nb	41
Astat	At	85	Nobelium	No	102
Barium	Ba	56	Osmium	Os	76
Berkelium	Bk	97	Palladium	Pd	46
Beryllium	Be	4	Phosphor	P	15
Blei	Pb	82	Platin	Pt	78
Bor	B	5	Plutonium	Pu	94
Brom	Br	35	Polonium	Po	84
Cadmium	Cd	48	Praseodym	Pr	59
Cäsium	Cs	55	Promethium	Pm	61
Calcium	Ca	20	Protactinium	Pa	91
Californium	Cf	98	Quecksilber	Hg	80
Cer	Ce	58	Radium	Ra	88
Chlor	Cl	17	Radon	Rn	86
Chrom	Cr	24	Rhenium	Re	75
Curium	Cm	96	Rhodium	Rh	45
Dysprosium	Dy	66	Rubidium	Rb	37
Einsteinium	Es	99	Ruthenium	Ru	44
Eisen	Fe	26	Samarium	Sm	62
Erbium	Er	68	Sauerstoff	O	8
Europium	Eu	63	Scandium	Sc	21
Fermium	Fm	100	Schwefel	S	16
Fluor	F	9	Selen	Se	34
Francium	Fr	87	Silber	Ag	47
Gadolinium	Gd	64	Silicium	Si	14
Gallium	Ga	31	Stickstoff	N	7
Germanium	Ge	32	Strontium	Sr	38
Gold	Au	79	Tantal	Ta	73
Hafnium	Hf	72	Technetium	Tc	43
Helium	He	2	Tellur	Te	52
Holmium	Ho	67	Terbium	Tb	65
Indium	In	49	Thallium	Tl	81
Iridium	Ir	77	Thorium	Th	90
Jod	J	53	Thulium	Tm	69
Kalium	K	19	Titan	Ti	22
Kobalt	Co	27	Uran	U	92
Kohlenstoff	C	6	Vanadin	V	23
Krypton	Kr	36	Wasserstoff	H	1
Kupfer	Cu	29	Wismut	Bi	83
Lanthan	La	57	Wolfram	W	74
Lithium	Li	3	Xenon	Xe	54
Lutetium	Lu	71	Ytterbium	Yb	70
Magnesium	Mg	12	Yttrium	Y	39
Mangan	Mn	25	Zink	Zn	30
Mendelevium	Md	101	Zinn	Sn	50
Molybdän	Mo	42	Zirkonium	Zr	40

Tab. 2. Periodisches

Neben dem Elementsymbol steht die Ordnungszahl, darunter ist die Elek
Für einige Übergangselemente ist

Li 3 $He(2s)^1$	Be 4 $He(2s)^2$						
Na 11 $Ne(3s)^1$	Mg 12 $Ne(3s)^2$						
K 19 $Ar(4s)^1$	Ca 20 $Ar(4s)^2$	Sc 21 $Ar(3d)^1$ $(4s)^2$	Ti 22 $Ar(3d)^2$ $(4s)^2$	V 23 $Ar(3d)^3$ $(4s)^2$	Cr 24 $Ar(3d)^5$ $(4s)^1$	Mn 25 $Ar(3d)^5$ $(4s)^2$	Fe 26 $Ar(3d)^6$ $(4s)^2$
Rb 37 $Kr(5s)^1$	Sr 38 $Kr(5s)^2$	Y 39 $Kr(4d)^1$ $(5s)^2$	Zr 40 $Kr(4d)^2$ $(5s)^2$	Nb 41 $Kr(4d)^4$ $(5s)^1$	Mo 42 $Kr(4d)^5$ $(5s)^1$	Tc 43 $Kr(4d)^6$ $(5s)^1$	Ru 44 $Kr(4d)^7$ $(5s)^1$
Cs 55 $Xe(6s)^1$	Ba 56 $Xe(6s)^2$	57—71 Lantha-niden	Hf 72 $Hf(5d)^2$ $(6s)^2$	Ta 73 $Hf(5d)^3$ $(6s)^2$	W 74 $Hf(5d)^4$ $(6s)^2$	Re 75 $Hf(5d)^5$ $(6s)^2$	Os 76 $Hf(5d)^6$ $(6s)^2$
Fr 87 $Rn(7s)^1$	Ra 88 $Rn(7s)^2$	89... Actini-den					

La 57 $Xe(5d)^1$ $(6s)^2$	Ce 58 $Xe(4f)^2$ $(6s)^2$	Pr 59 $Xe(4f)^3$ $(6s)^2$	Nd 60 $Xe(4f)^4$ $(6s)^2$	Pm 61 $Xe(4f)^5$ $(6s)^2$	Sm 62 $Xe(4f)^6$ $(6s)^2$
Ac 89 $Rn(6d)^1$ $(7s)^2$	Th 90 $Rn(5f)^1$ $(6d)^1(7s)^2$	Pa 91 $Rn(5f)^2$ $(6d)^1(7s)^2$	U 92 $Rn(5f)^3$ $(6d)^1(7s)^2$	Np 93 $Rn(5f)^4$ $(6d)^1(7s)^2$	Pu 94 $Rn(5f)^5$ $(6d)^1(7s)^2$

*) *Abkürzungen*

He ... $(1s)^2$
Ne ... $(1s)^2(2s)^2(2p)^6$
Ar ... $(1s)^2(2s)^2(2p)^6(3s)^2(3p)^6$
Cu ... $(1s)^2(2s)^2(2p)^6(3s)^2(3p)^6(3d)^{10}$
Kr ... $(1s)^2(2s)^2(2p)^6(3s)^2(3p)^6(3d)^{10}(4s)^2(4p)^6$

…emischen Elemente

…n im Grundzustand angegeben*). Stark eingerahmt: Übergangselemente.
…nfiguration nicht völlig gesichert.

							H 1 $(1s)^1$	He 2 $(1s)^2$
			B 5 He$(2s)^2$ $(2p)^1$	C 6 He$(2s)^2$ $(2p)^2$	N 7 He$(2s)^2$ $(2p)^3$	O 8 He$(2s)^2$ $(2p)^4$	F 9 He$(2s)^2$ $(2p)^5$	Ne 10 He$(2s)^2$ $(2p)^6$
			Al 13 Ne$(3s)^2$ $(3p)^1$	Si 14 Ne$(3s)^2$ $(3p)^2$	P 15 Ne$(3s)^2$ $(3p)^3$	S 16 Ne$(3s)^2$ $(3p)^4$	Cl 17 Ne$(3s)^2$ $(3p)^5$	Ar 18 Ne$(3s)^2$ $(3p)^6$
8	Cu 29 Cu$(4s)^1$	Zn 30 Cu$(4s)^2$	Ga 31 Cu$(4s)^2$ $(4p)^1$	Ge 32 Cu$(4s)^2$ $(4p)^2$	As 33 Cu$(4s)^2$ $(4p)^3$	Se 34 Cu$(4s)^2$ $(4p)^4$	Br 35 Cu$(4s)^2$ $(4p)^5$	Kr 36 Cu$(4s)^2$ $(4p)^6$
6 ^{10}	Ag 47 Ag$(5s)^1$	Cd 48 Ag$(5s)^2$	In 49 Ag$(5s)^2$ $(5p)^1$	Sn 50 Ag$(5s)^2$ $(5p)^2$	Sb 51 Ag$(5s)^2$ $(5p)^3$	Te 52 Ag$(5s)^2$ $(5p)^4$	J 53 Ag$(5s)^2$ $(5p)^5$	Xe 54 Ag$(5s)^2$ $(5p)^6$
8	Au 79 Au$(6s)^1$	Hg 80 Au$(6s)^2$	Tl 81 Au$(6s)^2$ $(6p)^1$	Pb 82 Au$(6s)^2$ $(6p)^2$	Bi 83 Au$(6s)^2$ $(6p)^3$	Po 84 Au$(6s)^2$ $(6p)^4$	At 85 Au$(6s)^2$ $(6p)^5$	Rn 86 Au$(6s)^2$ $(6p)^6$

4)^2	Tb 65 Xe$(4f)^9$ $(6s)^2$	Dy 66 Xe$(4f)^{10}$ $(6s)^2$	Ho 67 Xe$(4f)^{11}$ $(6s)^2$	Er 68 Xe$(4f)^{12}$ $(6s)^2$	Tm 69 Xe$(4f)^{13}$ $(6s)^2$	Yb 70 Xe$(4f)^{14}$ $(6s)^2$	Lu 71 Xe$(4f)^{14}$ $(5d)^1(6s)^2$

• • •

. $(1s)^2(2s)^2(2p)^6(3s)^2(3p)^6(3d)^{10}(4s)^2(4p)^6(4d)^{10}$
. $(1s)^2(2s)^2(2p)^6(3s)^2(3p)^6(3d)^{10}(4s)^2(4p)^6(4d)^{10}(5s)^2(5p)^6$
. $(1s)^2(2s)^2(2p)^6(3s)^2(3p)^6(3d)^{10}(4s)^2(4p)^6(4d)^{10}(4f)^{14}(5s)^2(5p)^6$
. $(1s)^2(2s)^2(2p)^6(3s)^2(3p)^6(3d)^{10}(4s)^2(4p)^6(4d)^{10}(4f)^{14}(5s)^2(5p)^6(5d)^{10}$
. $(1s)^2(2s)^2(2p)^6(3s)^2(3p)^6(3d)^{10}(4s)^2(4p)^6(4d)^{10}(4f)^{14}(5s)^2(5p)^6(5d)^{10}(6s)^2(6p)^6$

Tab. 3. Die 32 Kristallklassen

Die Namen für die Kristallklassen entsprechen im wesentlichen der Groth'schen Nomenklatur. Die Reihung entspricht der Anordnung der Raumgruppen in den „International Tables" (vgl. Tab. 10); diesem Nachschlagewerk wird auch in der Schreibung des Hermann-Mauguin'schen Symboles gefolgt.

Kristallsystem	Kristallklasse	Symbol	
		Hermann-Mauguin	Schoenflies
triklin	triklin pedial	1	C_1
	triklin pinakoidal	$\bar{1}$	C_i
monoklin	monoklin sphenoidisch	2	C_2
	monoklin domatisch	m	C_s
	monoklin prismatisch	2/m	C_{2h}
rhombisch[1])	rhombisch disphenoidisch	222	D_2 (V)
	rhombisch pyramidal	mm2	C_{2v}
	rhombisch dipyramidal	mmm	D_{2h} (V_h)
tetragonal	tetragonal pyramidal	4	C_4
	tetragonal disphenoidisch	$\bar{4}$	S_4
	tetragonal dipyramidal	4mm	C_{4v}
	tetragonal trapezoedrisch	422	D_{4h}
	ditetragonal pyramidal	4/m	C_{4h}
	tetragonal skalenoedrisch	$\bar{4}2m$	D_{2d} (V_d)
	ditetragonal dipyramidal	4/mmm	D_{4h}

[1]) Zur sprachlich besseren Unterscheidung vom rhomboedrischen System auch als ortho-rhombisch bezeichnet.

Kristallsystem	Kristallklasse	Symbol	
		Hermann-Mauguin	Schoenflies
	trigonal pyramidal	3	C_3
	trigonal rhomboedrisch	$\bar{3}$	C_{3i}
rhomboedrisch[2]	trigonal trapezoedrisch	32	D_3
	ditrigonal pyramidal	3m	C_{3v}
	ditrigonal skalenoedrisch	$\bar{3}$ 2/m	D_{3d}
	hexagonal pyramidal	6	C_6
	trigonal dipyramidal	$\bar{6}$	C_{3h}
	hexagonal dipyramidal	6/m	C_{6h}
hexagonal[2]	hexagonal trapezoedrisch	622	D_6
	dihexagonal pyramidal	6mm	C_{6v}
	ditrigonal dipyramidal	$\bar{6}$m2	D_{3h}
	dihexagonal dipyramidal	6/mmm	D_{6h}
	kubisch tetra-edrisch-pentagon-ikositetraedrisch[3]	23	T
	kubisch disdodekaedrisch	m3	T_h
kubisch	kubisch pentagonikosi-tetraedrisch[4]	432	O
	kubisch hexakistetra-edrisch	$\bar{4}$3m	T_d
	kubisch hexakisoktaedrisch	m3m	O_h

sollen vermeiden helfen, daß man beim Lesen dieses Bändchens allzuoft andere Literatur zu Hilfe nehmen muß. Demselben Ziel dient Tab. 3, welche die Namen und Symbole für die 32 Kristallklassen bringt.

Die Ergebnisse der Kristallstrukturforschung werden vor allem durch die Auswertung von Beugungsversuchen mit Röntgenstrahlen, Neutronen und Elektronen gewonnen. Daneben sind die Auskünfte sehr wichtig, welche die Absorptionsmessungen sowohl im sichtbaren Bereich des Lichtes wie im Ultrarot und Ultraviolett liefern, ferner magnetische Messungen, kernmagnetische Resonanz usw. Die Methodik aller dieser Untersuchungsarten liegt außerhalb des Gebietes der Kristallchemie; nur die Ergebnisse interessieren.

Die detailliertesten Aussagen über die räumliche Anordnung der Kristallbausteine erhält man durch die Beugungsmethoden. Die Bestimmung interatomarer Abstände mit einem wahrscheinlichen Fehler von ungefähr einem Prozent ihrer Länge sind heute keineswegs mehr eine Ausnahme. Da dem Chemiker öfter eine genügende Kenntnis der Raumgruppen sowie der „Fachsprache“ der Strukturarbeiten fehlt, wird in Kapitel I davon das Notwendigste gebracht. Das erweist sich als um so notwendiger, als die einschlägigen Bändchen der Sammlung Göschen diesen Stoff nur kurz berühren. Eine systematische Behandlung der Kristallchemie aller Elemente liegt natürlich außerhalb des Rahmens der vorliegenden Darstellung. Dafür muß

←

[2]) Das rhomboedrische System muß nicht unbedingt als selbständig angesehen werden, da die hierher gehörigen Kristalle auch gut in einem hexagonalen Achsenkreuz beschrieben werden können. Die Abtrennung kann man damit begründen, daß die im rhomboedrischen System zusammengefaßten Kristallklassen sich in der Symmetrie mancher physikalischer Eigenschaften gleich verhalten und daß ferner bei ihnen für manche Raumgruppen (vgl. Tab. 10) die rhomboedrische Translationszelle (Tab. 4 u. Abb. 8f) kleiner ist als die hexagonale. Nach der Morphologie kann man die im weiteren Sinn hexagonalen Kristalle auch in trigonale und hexagonale aufteilen, wie dies die Namen der Klassen andeuten.

[3]) Auch: kubisch tetartoedrisch.

[4]) Auch: kubisch gyroedrisch.

auf ausführlichere Bücher verwiesen werden (vgl. das Literaturverzeichnis).

I. Die Beschreibung von Kristallstrukturen

Ein idealer Kristall ist durch einen dreidimensional streng periodischen Aufbau charakterisiert. Als physikalischer Körper entspricht ein Kristall diesem Bild in aller Schärfe meist nur in sehr kleinen Bereichen; die übliche Auswertung der Beugungsversuche mit Röntgen-, Neutronen- und Elektronenstrahlen vernachlässigt jedoch die Abweichungen vom Idealkristall (Realbau der Kristalle, vgl. S. 134).

Die Beschreibung einer Kristallstruktur enthält Angaben über die Metrik der Elementarzelle, den Zellinhalt, die Raumgruppe, die Atomkoordinaten und unter Umständen weitere Angaben.

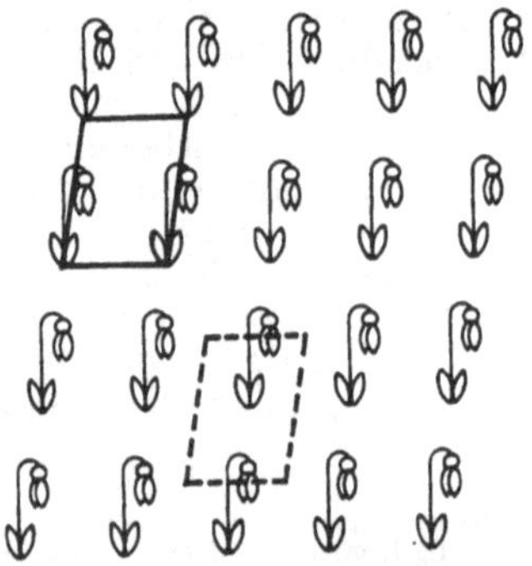

Abb. 1. 2-dimensionales Muster mit zwei Elementarzellen identer Gestalt und Orientierung, aber mit verschiedenen Ursprungslagen zu den Motiven.

Die Elementarzelle.

Zunächst kann man die Elementarzelle so definieren: Unter der Elementarzelle einer Kristallstruktur versteht man ein Parallelepiped von möglichst kleinem

Volumen mit der Eigenschaft, daß man aus ihm durch lückenlose parallele Aneinandersetzung (Translationen nach drei nicht koplanaren Richtungen im Raum) den ganzen Kristall aufbauen kann.

Ein zweidimensionales Beispiel soll die dabei auftretenden Probleme erläutern. In Abb. 1 ist ein Ausschnitt aus einer zweidimensional unbegrenzten Wiederholung eines Motivs, also aus einem zweidimensionalen Muster, dargestellt. Erzeugt man einen Stempel, mit dem man den stark umrandeten Ausschnitt drucken kann, so erhält man das ganze Muster, indem man lückenlos Bereich neben Bereich stempelt. Man könnte für den Stempel aber ebenso gut auch den gestrichelt umrandeten Ausschnitt wählen; durch lückenlose Aneinandersetzung erhält man dasselbe Muster. Es wurde nur der Ursprung verschoben — beide Elementarbereiche haben gleiche Größe und Gestalt, ferner liegen

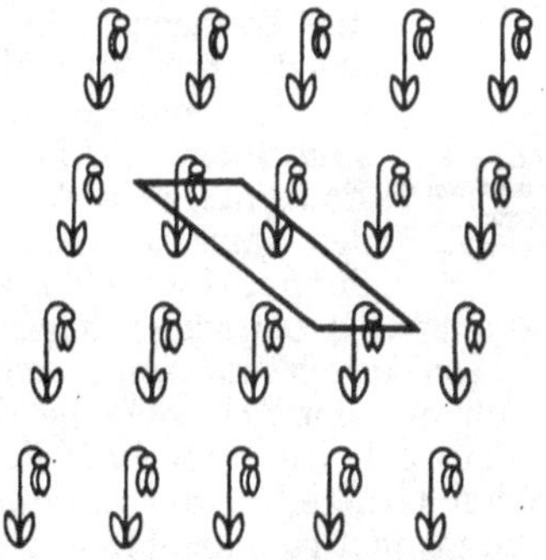

Abb. 2. Dasselbe Muster wie in Abb. 1, jedoch mit einer anderen Elementarzelle.

sie zueinander parallel. Man überzeugt sich leicht davon, daß man keine Elementarzelle mit einem kleineren Flächeninhalt finden kann. Abb. 2 zeigt dasselbe Muster nochmals. Jetzt ist aber eine Elementarzelle eingezeichnet, welche zwar denselben Flächeninhalt hat wie jene in

Abb. 1, deren Gestalt jedoch anders ist. Man erkennt daraus, daß durch die gegebene Definition die Gestalt der Elementarzelle nicht eindeutig bestimmt ist.

Die Kantenlängen und die Winkel einer Elementarzelle heißen ihre Gitterkonstanten. Die Kanten werden mit a_0, b_0 und c_0 (auch bloß a, b und c), die Winkel mit α, β und γ bezeichnet; für die Orientierung vergleiche man Abb. 3. Als Längenmaß dient das Ångström (abgekürzt: Å; 1 Å $= 10^{-8}$ cm $= 0{,}00000001$ cm); dieses Maß ist deshalb zweckmäßig, weil die Kantenlängen der Elementarzelle meist zwischen 3 und 30 Å liegen. Größere Gitterkonstanten sind bei anorganischen Kristallen sehr selten; bei Kristallen hochmolekularer organischer Stoffe, wie z. B. den Proteinen, sind Kantenlängen der Elementarzelle von über 50 Å jedoch durchaus üblich.

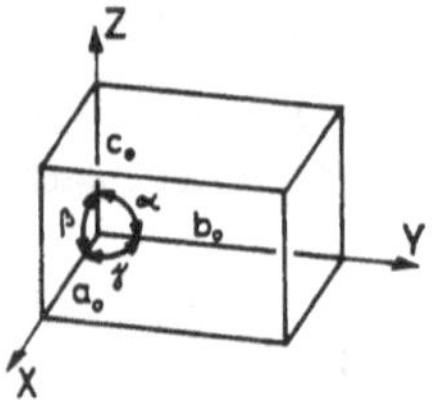

Abb. 3. 3-dimensionale Elementarzelle mit Bezeichnung der Identitätsabstände und der Winkel.

Abb. 4 bringt zur Problematik der Elementarzelle ein Beispiel aus der Kristallstrukturlehre. Es ist die Atomanordnung von Cäsiumchlorid, CsCl dargestellt. Als Elementarzelle kann man z. B. den stark ausgezogenen Würfel mit der Kantenlänge $a_0 = 4{,}12$ Å wählen, ebenso aber auch den schwach gezeichneten. Es handelt sich offensichtlich nur um verschiedene Beschreibungen, nur um eine verschiedene Wahl des Ursprungs unter Beibehalt von Größe und Form der Zelle. Abb. 5 gibt nochmals dieselbe Atomanordnung; diesmal ist aber eine schiefwinkelige (monokline) Elementarzelle eingezeichnet. Grundsätzlich könnte man die Atomanordnung in CsCl auch auf diese Weise beschreiben. Es werden jedoch allgemein folgende Regeln zur Wahl der Elementarzelle befolgt:

1. Die Gestalt der Elementarzelle muß ihrer Symmetrie nach dem üblichen Achsenkreuz der Substanz entsprechen.

2. Der Ursprung der Elementarzelle wird in einen geometrisch ausgezeichneten Punkt gelegt, z.B. in ein Symmetriezentrum.

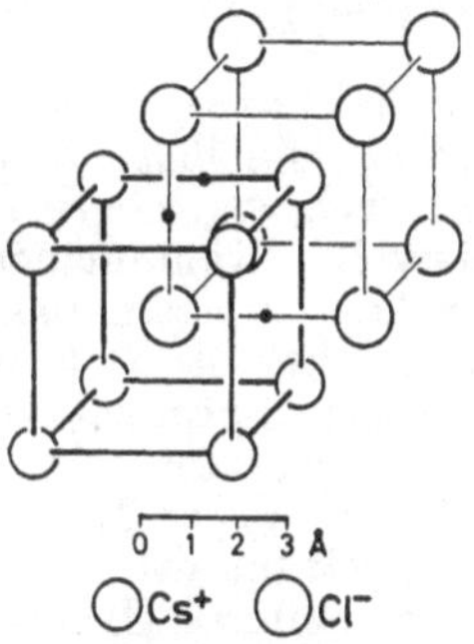

Abb. 4. Zwei würfelige Elementarzellen, welche zur Beschreibung der Struktur von CsCl verwendet werden können.

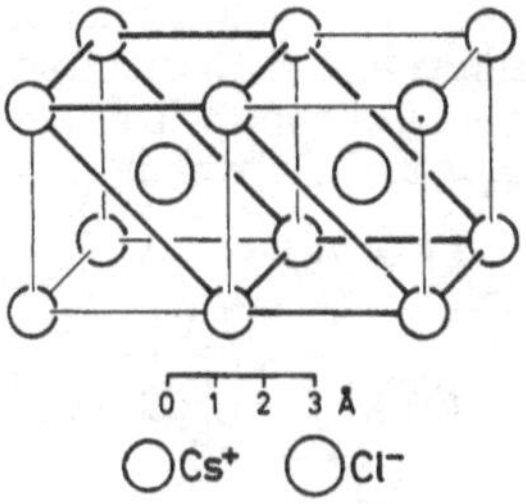

Abb. 5. Struktur von CsCl mit kubischer (schwach) und monokliner (stark) Elementarzelle.

3. Unter Berücksichtigung von Regel 1 wird die Elementarzelle so gewählt, daß ihr Volumen möglichst klein wird.

4. Unter den noch verbleibenden Möglichkeiten wählt man in der Regel jene, in welcher die Gitterkonstanten a_0, b_0 und c_0 möglichst klein werden.

Da CsCl kubisch kristallisiert (Klasse: m3m), so kommt nach obigen Regeln die in Abb. 5 gezeichnete Zelle nicht in Frage (Verletzung von Regel 1!).

Durch Befolgung von Regel 1 kommt man öfters in die Lage, daß man zur Beschreibung einer Kristallstruktur nicht das kleinstmögliche Parallelepiped wählt (entsprechend der Definition der Elementarzelle auf S. 12), sondern ein größeres. Man bezeichnet zur Unterscheidung das kleinste Parallelepiped, welches man im Sinne der ursprünglichen Definition zur Beschreibung benützen kann, auch als primitive Elementarzelle, eine größere Zelle hingegen, die man wegen Befolgung der Regel 1 erhält, als vielfach primitive Elementarzelle (doppelt primitiv, dreifach primitiv, vierfach primitiv — je nachdem, ob das Volumen doppelt, dreimal oder viermal so groß wie die primitive Elementarzelle ist).

Zur Illustration ist in Abb. 6 die Atomanordnung der bei gewöhnlicher Temperatur stabilen Modifikation des Eisens dargestellt. Schwach ausgezogen ist die übliche würfelige Elementarzelle (Kantenlänge: $a_0 = 2{,}87$ Å), welche dem kubischen Kristallsystem dieses Elementes entspricht. Die Zelle ist jedoch nicht die kleinstmögliche. Die stark gezeichnete ist nur halb so groß; dennoch wird wegen Regel 1 die größere, doppelt primitive Zelle verwendet. Ein weiteres Beispiel bringt Abb. 7 mit der Kristallstruktur von NaCl. Es ist die übliche Elementarzelle, welche der kubischen Symmetrie entspricht, schwach gezeichnet (Kantenlänge: $a_0 = 5{,}64$ Å). Unter Verletzung von Regel 1 könnte man auch die stark gezeichnete Zelle verwenden. Ihr Volumen wäre nur ein Viertel von jenem des Würfels; dennoch wird sie üblicherweise nicht verwendet.

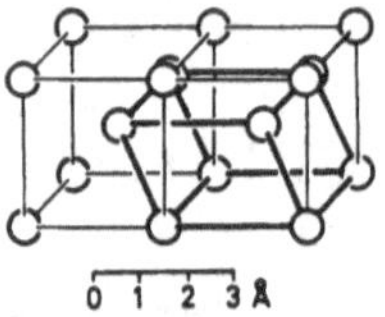

Abb. 6. Struktur von Fe. Schwach: übliche kubische Elementarzelle (doppelt primitiv); stark: mögliche primitive Elementarzelle.

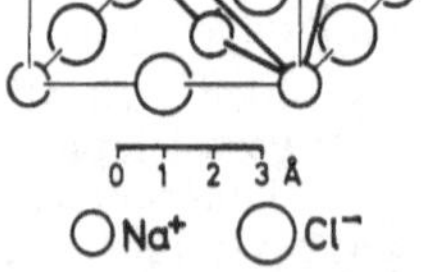

Abb. 7. Struktur von NaCl. Schwach: übliche kubische Elementarzelle (vierfach primitiv); stark: primitive rhomboedrische Elementarzelle.

Tab. 4 und Abb. 8 geben für die verschiedenen Kristallsysteme die dort auftretenden Spezialisierungen der Gestalt der Elementarzelle im Vergleich zum allgemeinsten Fall.

Die Befolgung der Regeln 1—4 legt die Elementarzelle zwar nach Größe und Gestalt eindeutig fest, man weiß aber in den niedriger symmetrischen Systemen nicht,

Tab. 4. Die Spezialisierung der Elementarzelle in den verschiedenen Kristallsystemen

Kristallsystem	Elementarzelle
triklin	$a_0, b_0, c_0;$ $\alpha, \beta, \gamma.$
monoklin	$a_0, b_0, c_0;$ $\beta\ (\alpha = \gamma = 90^0).$
rhombisch	$a_0, b_0, c_0;$ $(\alpha = \beta = \gamma = 90^0).$
tetragonal	$a_0\ (= b_0), c_0;$ $(\alpha = \beta = \gamma = 90^0).$
rhomboedrisch[1])	$a_{rh}\ (= a_0 = b_0 = c_0);$ $\alpha_{rh}\ (= \alpha = \beta = \gamma).$
hexagonal	$a_0\ (= b_0), c_0;$ $(\alpha = \beta = 90^0, \gamma = 120^0).$
kubisch	$a_0\ (= b_0 = c_0);$ $(\alpha = \beta = \gamma = 90^0).$

welche der Kanten man mit a_0, b_0 und c_0 bezeichnen soll. Will man auch diese Zuordnung eindeutig machen, so muß man für rhombische, monokline und trikline Kristalle weitere Festsetzungen treffen, die heute meist folgendermaßen gewählt werden:

rhombisch ... $c_0 < a_0 < b_0$
monoklin .... $b_0 \parallel$ zur 2-zähligen Achse bzw. $\perp$ zur Symmetrieebene $c_0 < a_0, \beta > 90^0$
triklin ...... $c_0 < a_0 < b_0, \alpha > 90^0, \beta > 90^0$

Inhalt der Elementarzelle. Koordinaten.

Aus der experimentell bestimmten Dichte eines Kristalls, den Atomgewichten der ihn aufbauenden Elemente und dem Volumen der Elementarzelle kann

[1]) Die rhomboedrische Elementarzelle wird (höchstens) dann verwendet, wenn in der speziellen Raumgruppe die rhomboedrische Translationszelle kleiner ist als die hexagonale.

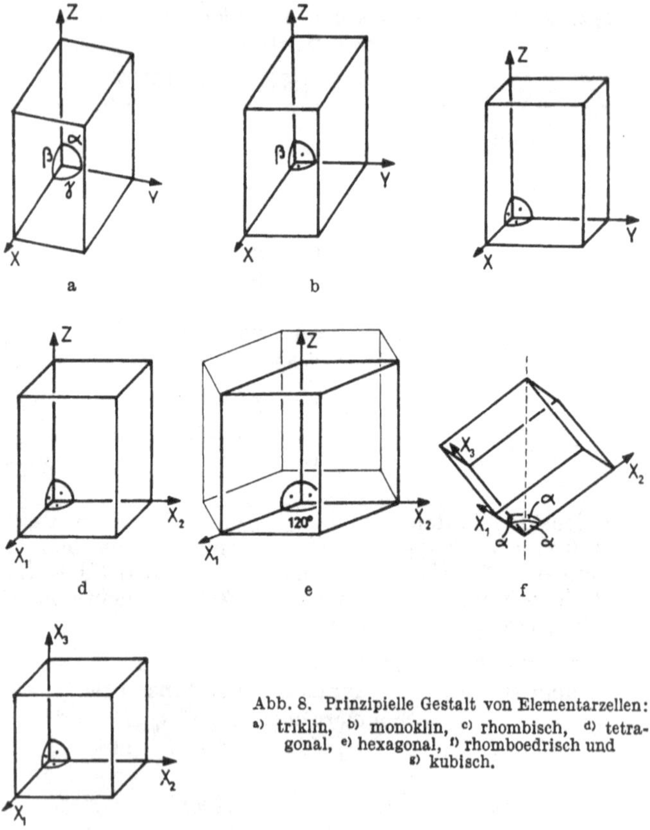

Abb. 8. Prinzipielle Gestalt von Elementarzellen: a) triklin, b) monoklin, c) rhombisch, d) tetragonal, e) hexagonal, f) rhomboedrisch und g) kubisch.

man leicht ihren materiellen Inhalt berechnen. Ein einfaches Beispiel möge das erläutern.

Für NaCl ist die Gitterkonstante der würfeligen Elementarzelle $a_0 = 5{,}64$ Å (vgl. Abb. 7 und Abb. 20);

das Volumen ist folglich $a_0^3 = 179{,}41$ Å$^3 = 179{,}41 \cdot 10^{-24}$ cm^3. Da die gemessene Dichte $\varrho = 2{,}17$ g $\cdot$ cm^{-3} ist, so ist die Masse der Elementarzelle gleich $179{,}41 \cdot 10^{-24} \cdot 2{,}17$ g $= 389{,}3 \cdot 10^{-24}$ g. Man wird erwarten, daß diese Masse einem ganzen Vielfachen der Masse einer Formeleinheit*) NaCl entspricht. Die absolute Masse eines Atoms erhält man bekanntlich, indem man das chemische Atomgewicht mit $1{,}66 \cdot 10^{-24}$ multipliziert. Da die chemischen Atomgewichte von Na und Cl 23,00 bzw. 35,46 sind, so ist die absolute Masse einer Formeleinheit NaCl gleich $(23{,}00 + 35{,}46) \cdot 1{,}66 \cdot 10^{-24}$ g $= 97{,}34 \cdot 10^{-24}$ g. Die Anzahl der Formeleinheiten NaCl pro Elementarzelle ist folglich $\frac{389{,}3}{97{,}34} = 4{,}00$; man schreibt das häufig: $Z = 4$.

Bei niedrig symmetrischen Kristallen ist die Berechnung des Volumens der Elementarzelle komplizierter als in diesem Beispiel. Tab. 5 gibt die zur Ausrechnung benötigten Formeln.

Tab. 5. Formeln für das Volumen der Elementarzelle

Kristallsystem	Volumen
triklin	$V = a_0 \cdot b_0 \cdot c_0 \cdot \sqrt{1 - \cos^2\alpha - \cos^2\beta - \cos^2\gamma + 2 \cdot \cos\alpha \cdot \cos\beta \cdot \cos\gamma}$
monoklin	$V = a_0 \cdot b_0 \cdot c_0 \cdot \sin\beta$
rhombisch	$V = a_0 \cdot b_0 \cdot c_0$
tetragonal	$V = a_0^2 \cdot c_0$
rhomboedrisch	$V = a_{rh}^3 \cdot \sqrt{1 - 3 \cdot \cos^2\alpha_{rh} + 2 \cdot \cos^3\alpha_{rh}}$
hexagonal	$V = a_0^2 \cdot c_0 \cdot \sqrt{3}/2$
kubisch	$V = a_0^3$

*) Der Ausdruck Formeleinheit ist in der Kristallchemie dem Ausdruck Molekül vorzuziehen, da dieser leicht die Vorstellung entstehen läßt, daß wirklich Atomgruppen mit besonders fester Bindung zu erkennen wären (wie z.B. H_2O-Moleküle im Wasserdampf). Tatsächlich enthalten jedoch viele Kristalle *keine* Moleküle; das NaCl z.B. ist aus Na^+- und Cl^--Ionen aufgebaut, ohne daß man irgendwie ein NaCl-„Molekül" erkennen könnte.

Bei der Beschreibung des Inhalts einer Elementarzelle hat man die Lagen der Atom- (oder Ionen-) Schwerpunkte, unter Umständen auch die Elektronendichte an einem allgemeinen Punkt der Zelle anzugeben. Dazu bedient man sich wie in der analytischen Geometrie der Koordinatenangaben. Aus Zweckmäßigkeitsgründen läßt man die X-, Y- und Z-Achse des Achsenkreuzes mit a_0, b_0 und c_0 der Elementarzelle zusammenfallen. Es ist also anzugeben, wie man in einem (unter Umständen) schiefwinkeligen Achsenkreuz die Koordinaten eines Punktes im Raum definiert. Man legt dazu durch den Punkt Ebenen parallel zu den XY-, YZ- und ZX-Ebenen; die Schnittpunkte mit den Achsen geben in ihrem Abstand vom Ursprung die Koordinaten des Punktes (Abb. 9). Es ist in der Kristallstrukturlehre üblich, die Koordinaten nicht in einem festen Maßstab (etwa in Å) anzugeben, sondern in Bruchteilen der jeweiligen Gitterkonstante. Die Koordinaten eines Punktes (xyz) innerhalb der Elementarzelle liegen folglich immer zwischen null und eins ($0 \leqslant x, y, z < 1$). Der Ursprung hat die Koordinaten (000), der Mittelpunkt der Elementarzelle ($^1/_2$ $^1/_2$ $^1/_2$); Punkte auf der X-Achse haben die Koordinaten (x00) usw. Die Zahlenangaben erfolgen in echten Brüchen (z.B.: $^1/_2$ $^1/_2$ $^1/_2$) oder als Dezimalzahlen (z.B.: 0,273 0,417 0,120).

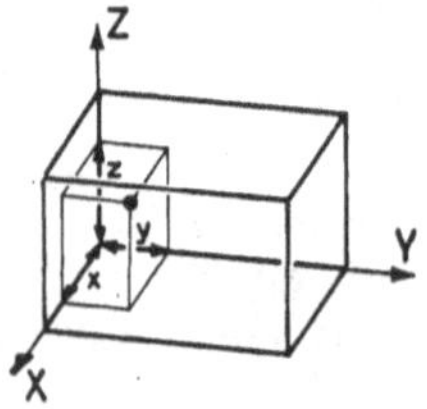

Abb. 9. Koordinaten eines Punktes in einer triklinen Elementarzelle.

Raumgruppen.

Da man aus Beugungsversuchen mit entsprechend kurzwelligen Strahlen weiß, daß die Atomanordnung in einem Kristall einem 3-dimensional periodischen Muster entspricht, sind für die Wiederholung charakteristischer Baumotive jedenfalls Translationen charakteristisch;

durch sie wird man zum Begriff der Elementarzelle geführt. Eine Translation wiederholt ein Motiv nach jeweils gleichen Abständen in paralleler Stellung. Sie hat somit mit den aus der Makrokristallographie bekannten Symmetrieelementen (Symmetrieebene, Symmetriezentrum, Drehachsen, Inversionsachsen*)) die Wiederholung eines Objektes gemeinsam; deswegen wird sie auch zu den Symmetrieelementen gezählt.

Zur Unterscheidung von den übrigen, gewöhnlichen (oder „eigentlichen") Symmetrieelementen soll die Translation hier als „uneigentliches" Symmetrieelement bezeichnet werden. Diese Trennung kann man in der Kristallographie damit begründen, daß ein Kristall, dessen Struktur aus einer völlig asymmetrischen Elementarzelle durch Translation hervorgeht, in seiner Formenentwicklung (Klasse: triklin pedial — 1) keinerlei Symmetrie zeigt.

In der weitaus überwiegenden Zahl der Fälle enthält der Feinbau eines Kristalls neben Translationen auch andere „eigentliche" Symmetrieelemente. Als Symmetrieelemente von Kristallstrukturen können zunächst alle jene auftreten, welche man auch an Makrokristallen kennt (Tab. 6 und Abb. 10). Ferner können noch Symmetrieelemente auftreten, bei denen eine Spiegelung oder Drehung mit einer Translation gekoppelt ist: Gleitspiegelebenen und Schraubenachsen (Tab. 7 und Abb. 11). Alle diese Symmetrieelemente können in 3-dimensionalen Mustern nur in ganz bestimmten Kombinationen auftreten, jede solche heißt eine Raumgruppe. Es gibt genau 230 Raumgruppen. Darunter befindet sich eine, welche außer Translationen keine weiteren „eigentlichen" Symmetrieelemente enthält, und ferner findet man unter ihnen 11 Paare, die sich nur im Windungssinn der Schraubenachsen unterscheiden.

---

*) An Stelle der Inversionsachsen können zur Beschreibung der Symmetrieverhältnisse auch Drehspiegelachsen verwendet werden.

Tab. 6. Symmetrieelemente, die sowohl an Makrokristallen, wie als Elemente von Raumgruppen vorkommen

Name	Symbol nach Hermann-Mauguin	zeichnerisches Symbol
Symmetriezentrum	$\bar{1}$	○
Symmetrieebene	m	│ ⊥ zur Zeichenebene ┐ in der Zeichenebene
2-zählige Symmetrieachse	2	⬮
3-zählige Symmetrieachse	3	▲
4-zählige Symmetrieachse	4	◆
6-zählige Symmetrieachse	6	⬢
3-zählige Inversionsachse[1])	$\bar{3}$	◬
4-zählige Inversionsachse	$\bar{4}$	◈
6-zählige Inversionsachse[2])	$\bar{6}$	⬢

Um zwei wichtige Eigenheiten von Raumgruppen mit „eigentlichen“ Symmetrieelementen kennen zu lernen, betrachte man Abb. 12. Das dort dargestellte Muster entspricht nach Größe und Gestalt des Elementarbereiches genau Abb. 1 und Abb. 2. Es fällt sofort auf, daß nun ein anderes Motiv verwendet wurde; wesentlich

[1]) Von gleicher Wirksamkeit wie eine 3-zählige Achse und ein Symmetriezentrum.

[2]) Von gleicher Wirkung wie eine 3-zählige Achse und eine senkrecht darauf stehende Symmetrieebene.

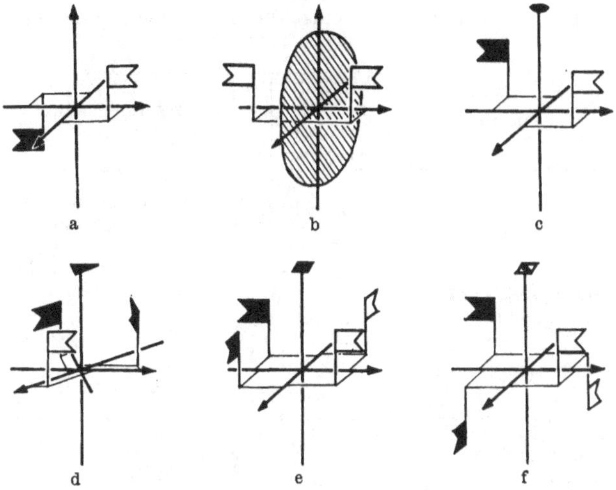

Abb. 10. Kristallographische Symmetrieelemente, die keine Translationen beinhalten: a) $\bar{1}$, b) m, c) 2, d) 3, e) 4, f) $\bar{4}$, g) 6 (vgl. Tab. 6).

vom Standpunkt der Symmetrie ist jedoch, daß das Muster von Abb. 12 2-zählige Achsen enthält. Man sieht, daß sich die Symmetrieelemente in einem solchen Muster unendlich oft wiederholen. Das ist ein charakteristischer Unterschied zum Symmetrieverhalten von Makrokristallen. Man beachte ferner, daß es verschiedene Systeme von 2-zähligen Achsen gibt. Eines geht durch die Drehpunkte des S-förmigen Motivs, während drei andere dazwischen liegen.

Tab. 7. Symmetrieelemente, die nur in Raumgruppen vorkommen

Name	Symbol nach Hermann-Mauguin	zeichnerisches Symbol
Gleitspiegelebene	a b	Gleitrichtung in Zeichenebene
	c	Gleitrichtung ⊥ Zeichenebene
	n d	Gleitrichtung schräg zur Zeichenebene
2-zählige Schraubenachse	2_1	 Translationsrichtung ⊥ Zeichenebene  Translationsrichtung in Zeichenebene
3-zählige Schraubenachse	3_1 3_2	 Translationsrichtung ⊥ Zeichenebene
4-zählige Schraubenachse	4_1 4_2 4_3	 Translationsrichtung ⊥ Zeichenebene
6-zählige Schraubenachse	6_1 6_2 6_3 6_4 6_5	 Translationsrichtung ⊥ Zeichenebene

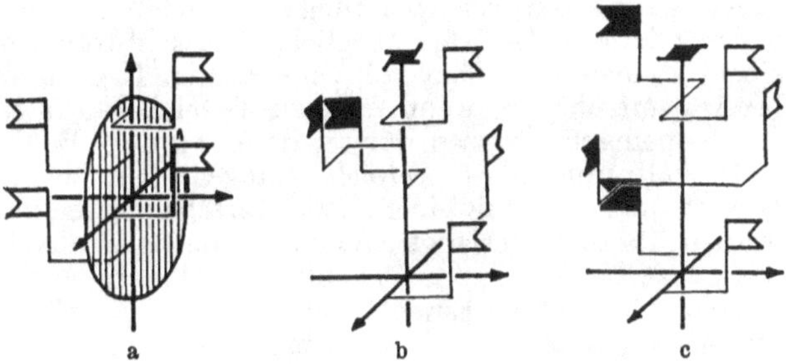

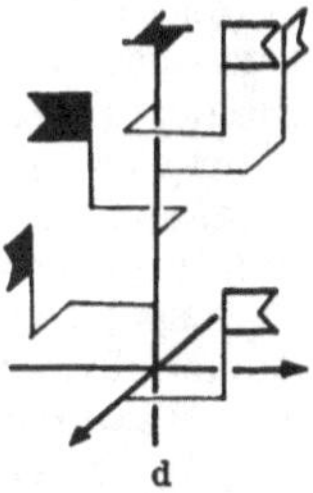

Abb. 11. Beispiele für kristallograph. Symmetrieelemente, die Translationen beinhalten: a) c, b) 4_1, c) 4_2, d) 4_3 (vgl. Tab. 7).

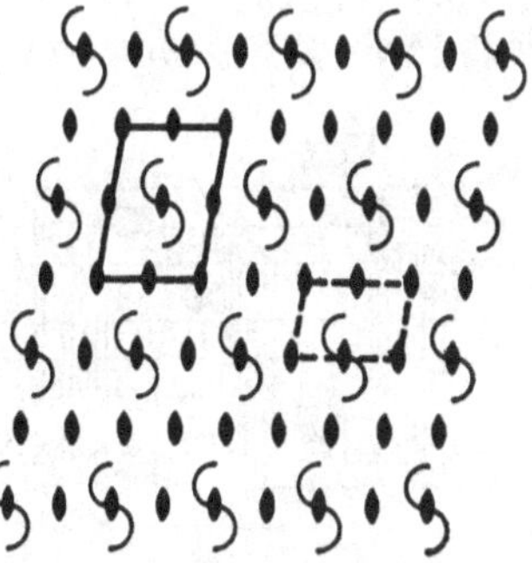

Abb. 12. 2-dimensionales Muster, das zweizählige Achsen enthält. Voll umrandet: Elementarzelle; gestrichelt umrandet: asymmetrische Einheit.

Man kann aus dieser Abbildung aber auch noch etwas anderes lernen. Es wäre möglich, dieses Muster aus einem kleineren als dem voll gezeichneten Elementarbereich aufzubauen, wenn man die Bereiche auch gedreht aneinander setzen dürfte; dann würde z.B. der gestrichelt umrandete Bereich genügen. Ein solcher Bereich darf nicht mit einer Elementarzelle verwechselt werden; für diese verlangt man immer, daß man aus ihr das ganze Muster durch lückenlose parallele Aneinandersetzung erhält. Einen Bereich wie den gestrichelt umrandeten kann man als asymmetrischen Bereich oder asymmetrische Einheit bezeichnen. Bei allen Kristallstrukturen, deren Raumgruppe (eigentliche) Symmetrieelemente enthält, kann man asymmetrische Einheiten dieser Art herausgreifen, die kleiner als die Elementarzelle sind.

Die Entwicklung einer Raumgruppe sei an dem wichtigen Beispiel demonstriert, in welchem senkrecht zu einer Schar von Gleitspiegelebenen, die parallel zur XZ-Ebene im Abstand b_0 liegen (Translationsrichtung: [001], Translationsbetrag: $c_0/2$), Scharen von 2-zähligen Schraubenachsen (Translationsbetrag: $b_0/2$) gelegt werden. Der Ursprung der Elementarzelle wurde in den Schnittpunkt einer Gleitspiegelebene mit einer Schraubenachse gelegt (Abb. 13). Damit ergibt sich folgende

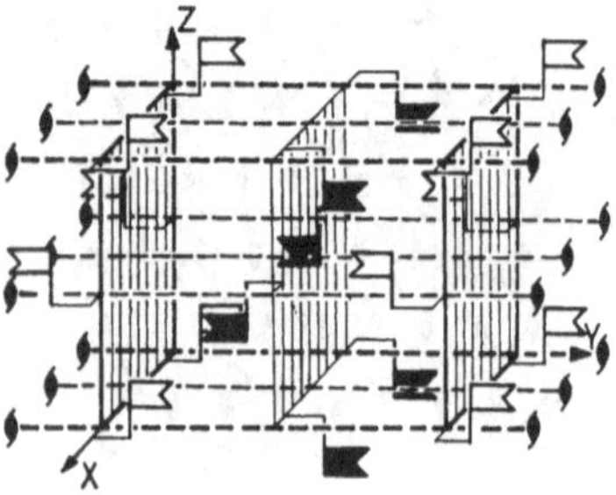

Abb. 13. Raumgruppe P2_1/c im Schrägriß.

Wiederholung eines Punktes, die sich natürlich weiter fortsetzt.

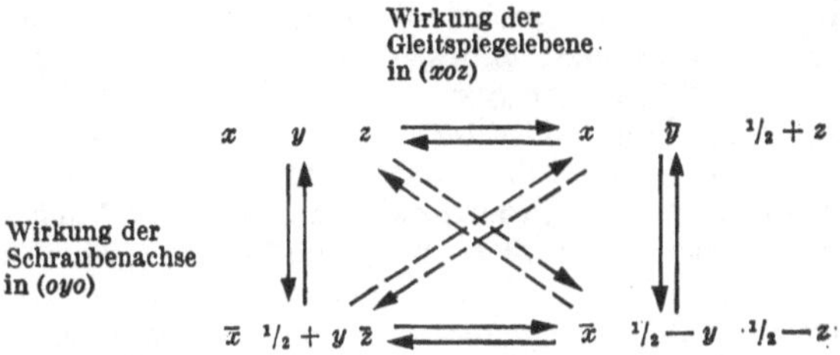

Die gestrichelten Pfeile zeigen die Wirkung von Symmetriezentren auf $0\,^1/_4\,^1/_4$, $0\,^1/_4\,^3/_4$, $0\,^3/_4\,^1/_4$, $0\,^3/_4\,^3/_4$, $^1/_2\,^1/_4\,^1/_4$, $^1/_2\,^1/_4\,^3/_4$, $^1/_2\,^3/_4\,^1/_4$ und $^1/_2\,^3/_4\,^3/_4$; diese Symmetriezentren sind also durch die Wirkung der vorgegebenen Symmetrieelementkombination automatisch entstanden. Die Analyse der Punktkoordinaten oder die Betrachtung von Abb. 13 lehren, daß weiter folgende Symmetrieelemente entstanden sind: Gleitspiegelebene nach [001] in $x\,^1/_2\,y$, 2_1-Achsen in $0\,y\,^1/_2$, $^1/_2\,y\,0$ und $^1/_2\,y\,^1/_2$.

Man würde dieselbe Punktwiederholung auch erhalten, wenn man z.B. die ursprünglichen Gleitspiegelebenen mit dem Symmetriezentrum auf $0\,^1/_4\,^1/_4$ kombiniert hätte. Die Symmetrieelemente eines räumlichen Musters bilden zusammen im mathematischen Sinn eine Gruppe — daher der Ausdruck Raumgruppe.

Besonders wichtig ist, daß sich neben den Durchstoßpunkten der Schraubenachsen mit den Gleitspiegelebenen noch weitere geometrisch bevorzugte Punkte eingestellt haben: die Symmetriezentren. Tatsächlich benutzt man üblicherweise in dieser Raumgruppe ein Symmetriezentrum als Koordinatenursprung. Dann erhält man für die innerhalb der Elementarzelle zusammengehörigen Punkte folgende Koordinaten: $x\,y\,z$, $\bar{x}\,\bar{y}\,\bar{z}$, $x\,^1/_2-y\,^1/_2+z$, $\bar{x}\,^1/_2+y\,^1/_2-z$.

Legt man in der betrachteten Raumgruppe ein Atom an eine nicht irgendwie spezielle Stelle, so wiederholt es sich durch die Symmetrieelemente drei weitere Male in der Elementarzelle. Es gehören also für den allgemeinen Fall vier Punkte innerhalb einer Zelle symmetriegebunden zusammen; man sagt, die allgemeine Punktlage sei 4-zählig. Die gesamte Umgebung eines Punktes allgemeiner Lage ist völlig unsymmetrisch (Punktsymmetrie: 1). Das schließt jedoch nicht aus, daß durch bestimmte spezielle Koordinaten die nächsten Nachbarn in der Struktur zu ihm sehr regelmäßig angeordnet sein können, z.B. innerhalb der Meßgenauigkeit ein ideales Tetraeder bilden. Legt man in einer Raumgruppe einen Punkt (Atom, Ion) auf zumindest eines der Symmetrieelemente $\bar{1}$, 2, 3, 4, 6, m oder $\bar{4}$ ($\bar{3}$, $\bar{6}$), so wiederholt er sich weniger oft als ein Punkt allgemeiner Lage, seine Umgebung ist jedoch symmetrisch. Man spricht dann von einer speziellen Punktlage. Im gewählten Beispiel wiederholt sich bei der Wahl des Ursprungs der Zelle in einem Symmetriezentrum z.B. ein Punkt in 000 nur ein weiteres Mal in 0 $^1/_2$ $^1/_2$; 000 bildet zusammen mit 0 $^1/_2$ $^1/_2$ eine 2-zählige spezielle Punktlage. Die Umgebung jedes der beiden Punkte ist zentrosymmetrisch; man sagt: die Punktsymmetrie ist $\bar{1}$.

Die Darstellung der Raumgruppen.

Zur Darstellung einer Raumgruppe bedient man sich des Bildes, der Koordinatenangaben der Punktlagen oder eines Symbols.

a) Bildliche Darstellung. Der Schrägriß (vgl. Abb. 13) ist zwar die unmittelbar anschaulichste Art der Darstellung; da er jedoch relativ kompliziert zu zeichnen und etwas unübersichtlich ist, zieht man im allgemeinen die Parallelprojektion nach einer Vorzugsrichtung vor (Abb. 14).

b) Koordinatenangaben. Eine andere Darstellung einer Raumgruppe sind die Koordinatentripel der zusammengehörigen Punkte allgemeiner Lage innerhalb einer Elementarzelle. Obwohl man daraus die Koordinatenangaben für spezielle Punktlagen leicht ableiten kann, werden auch diese in den „International Tables" explizit angegeben.

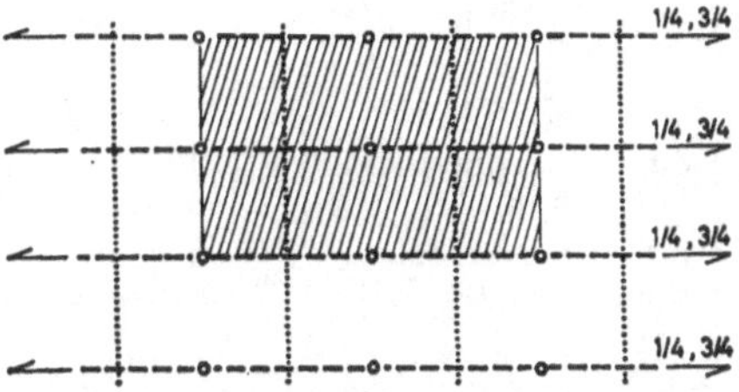

Abb. 14. Raumgruppe $P2_1/c$ parallel [001] projiziert. Für die Signaturen vgl. Tab. 6 u. 7. Die Symmetriezentren liegen in den Höhen 0 und $^1/_2$; der Bereich einer Elementarzelle mit Ursprung in einem Symmetriezentrum ist schraffiert.

c) Symbolische Darstellung. Man kann die Symmetrie von Raumgruppen recht einfach durch Symbole darstellen. Dazu geht man von der Hermann-Mauguin'schen Bezeichnung der zugehörigen Kristallklasse aus und ersetzt in dieser in geeigneter Weise die Symmetrieelemente der Klasse durch solche der Raumgruppe. Es können in dem so abgeänderten Symbol neben den Symmetrieelementen von Tab. 6 auch die für Schraubenachsen und Gleitspiegelebenen auftreten (Tab. 7). Für Gleitspiegelebenen verwendet man die Buchstaben *a*, *b*, *c*, *n* und *d* entsprechend Tab. 8.

Das gewählte Beispiel gehört zu den monoklinen Raumgruppen. Entsprechend den Symmetrieelementen hat man an Stelle des Klassensymbols $2/m$ (sprich: zwei über m) in der gewählten Aufstellung zu schreiben: $2_1/c$ (sprich: zwei eins über c). Damit ist jedoch das Raumgruppensymbol noch nicht vollständig. Man muß noch mit einem vorangestellten Großbuchstaben angeben, wie die zugehörige Translationsgruppe bei Berücksichtigung von Regel 1 auf S. 14 zentriert ist (Tab. 9). Im behandelten Beispiel wird das Symbol damit: $P\ 2_1/c$ (sprich: p zwei eins über c).

Tab. 8. Bezeichnung von Gleitspiegelebenen im Hermann-Mauguin'schen Symbol

Symbol	Translationsrichtung	Translationsbetrag
a	[100]	$a_0/2$
b	[010]	$b_0/2$
c	[001]	$c_0/2$
n	eine Flächendiagonale der E. Z.	$^1/_2$ des entsprechenden Identitätsabstandes
d	eine der Flächendiagonalen der E. Z.	$^1/_4$ des entsprechenden Identitätsabstandes

Tab. 9. Angabe der Translationszelle im Hermann-Mauguin'schen Symbol

Symbol	Bezeichnung	translatorische Wiederholung eines Punktes
P	primitiv	xyz (keine Wiederholung)
A	einseitig flächenzentriert in (100)	$xyz \rightleftarrows x\ {}^1/_2+y\ {}^1/_2+z$
B	einseitig flächenzentriert in (010)	$xyz \rightleftarrows {}^1/_2+x\ y\ {}^1/_2+z$
C	einseitig flächenzentriert in (001)	$xyz \rightleftarrows {}^1/_2+x\ {}^1/_2+y\ z$
I	innenzentriert	$xyz \rightleftarrows {}^1/_2+x\ {}^1/_2+y\ {}^1/_2+z$
F	allseitig flächenzentriert	$xyz \rightleftarrows {}^1/_2+x\ {}^1/_2+y\ z \rightleftarrows x\ {}^1/_2+y\ {}^1/_2+z \rightleftarrows {}^1/_2+x\ y\ {}^1/_2+z$
R	rhomboedrisch	$xyz \rightleftarrows {}^2/_3+x\ {}^1/_3+y\ {}^1/_3+z \rightleftarrows {}^1/_3+x\ {}^2/_3+y\ {}^2/_3+z$[1])

Tab. 10 gibt eine Übersicht über die 230 Raumgruppen. Neben dem Hermann-Mauguin'schen Symbol ist auch das (ältere) Schoenflies'sche Symbol angegeben; ferner bringt die Tabelle die Nummer in der Anordnung nach den „International Tables".

[1]) Bei Beschreibung in einer hexagonalen Elementarzelle; bei Benützung der rhomboedrischen Elementarzelle wiederholt sich ein Punkt durch Translation nicht innerhalb der Zelle.

Tab. 10. Die Symbole der 230 Raumgruppen.
Anordnung und Details der Nomenklatur entsprechen den „International Tables for X-Ray Crystallography“

Nr.	Hermann-Mauguin	Schoenflies
1	$P1$	C_1^1
2	$P\bar{1}$	C_i^1
3	$P2$	C_2^1
4	$P2_1$	C_2^2
5	$C2$	C_2^3
6	Pm	C_s^1
7	Pc	C_s^2
8	Cm	C_s^3
9	Cc	C_s^4
10	$P\frac{2}{m}$	C_{2h}^1
11	$P\frac{2_1}{m}$	C_{2h}^2
12	$C\frac{2}{m}$	C_{2h}^3
13	$P\frac{2}{c}$	C_{2h}^4
14	$P\frac{2_1}{c}$	C_{2h}^5
15	$C\frac{2}{c}$	C_{2h}^6
16	$P222$	D_2^1
17	$P222_1$	D_2^2
18	$P2_12_12$	D_2^3
19	$P2_12_12_1$	D_2^4
20	$C222_1$	D_2^5
21	$C222$	D_2^6
22	$F222$	D_2^7
23	$I222$	D_2^8
24	$I2_12_12_1$	D_2^9
25	$Pmm2$	C_{2v}^1
26	$Pmc2_1$	C_{2v}^2
27	$Pcc2$	C_{2v}^3
28	$Pma2$	C_{2v}^4
29	$Pca2_1$	C_{2v}^5
30	$Pnc2$	C_{2v}^6
31	$Pmn2_1$	C_{2v}^7
32	$Pba2$	C_{2v}^8
33	$Pna2_1$	C_{2v}^9
34	$Pnn2$	C_{2v}^{10}
35	$Cmm2$	C_{2v}^{11}
36	$Cmc2_1$	C_{2v}^{12}
37	$Ccc2$	C_{2v}^{13}
38	$Amm2$	C_{2v}^{14}
39	$Abm2$	C_{2v}^{15}
40	$Ama2$	C_{2v}^{16}
41	$Aba2$	C_{2v}^{17}

Nr.	Hermann-Mauguin	Schoenflies
42	$Fmm2$	C_{2v}^{18}
43	$Fdd2$	C_{2v}^{19}
44	$Imm2$	C_{2v}^{20}
45	$Iba2$	C_{2v}^{21}
46	$Ima2$	C_{2v}^{22}
47	$Pmmm$	D_{2h}^{1}
48	$Pnnn$	D_{2h}^{2}
49	$Pccm$	D_{2h}^{3}
50	$Pban$	D_{2h}^{4}
51	$Pmma$	D_{2h}^{5}
52	$Pnna$	D_{2h}^{6}
53	$Pmna$	D_{2h}^{7}
54	$Pcca$	D_{2h}^{8}
55	$Pbam$	D_{2h}^{9}
56	$Pccn$	D_{2h}^{10}
57	$Pbcm$	D_{2h}^{11}
58	$Pnnm$	D_{2h}^{12}
59	$Pmmn$	D_{2h}^{13}
60	$Pbcn$	D_{2h}^{14}
61	$Pbca$	D_{2h}^{15}
62	$Pnma$	D_{2h}^{16}
63	$Cmcm$	D_{2h}^{17}
64	$Cmca$	D_{2h}^{18}
65	$Cmmm$	D_{2h}^{19}
66	$Cccm$	D_{2h}^{20}
67	$Cmma$	D_{2h}^{21}
68	$Ccca$	D_{2h}^{22}
69	$Fmmm$	D_{2h}^{23}
70	$Fddd$	D_{2h}^{24}
71	$Immm$	D_{2h}^{25}
72	$Ibam$	D_{2h}^{26}
73	$Ibca$	D_{2h}^{27}
74	$Imma$	D_{2h}^{28}
75	$P4$	C_4^1
76	$P4_1$	C_4^2
77	$P4_2$	C_4^3
78	$P4_3$	C_4^4
79	$I4$	C_4^5
80	$I4_1$	C_4^6
81	$P\bar{4}$	S_4^1
82	$I\bar{4}$	S_4^2
83	$P\frac{4}{m}$	C_{4h}^1
84	$P\frac{4_2}{m}$	C_{4h}^2
85	$P\frac{4}{n}$	C_{4h}^3
86	$P\frac{4_2}{n}$	C_{4h}^4
87	$I\frac{4}{m}$	C_{4h}^5
88	$I\frac{4_1}{a}$	C_{4h}^6

Nr.	Hermann-Mauguin	Schoenflies
89	$P422$	D_4^1
90	$P42_12$	D_4^2
91	$P4_122$	D_4^3
92	$P4_12_12$	D_4^4
93	$P4_222$	D_4^5
94	$P4_22_12$	D_4^6
95	$P4_322$	D_4^7
96	$P4_32_12$	D_4^8
97	$I422$	D_4^9
98	$I4_122$	D_4^{10}
99	$P4mm$	C_{4v}^1
100	$P4bm$	C_{4v}^2
101	$P4_2cm$	C_{4v}^3
102	$P4_2nm$	C_{4v}^4
103	$P4cc$	C_{4v}^5
104	$P4nc$	C_{4v}^6
105	$P4_2mc$	C_{4v}^7
106	$P4_2bc$	C_{4v}^8
107	$I4mm$	C_{4v}^9
108	$I4cm$	C_{4v}^{10}
109	$I4_1md$	C_{4v}^{11}
110	$I4_1cd$	C_{4v}^{12}
111	$P\bar{4}2m$	D_{2d}^1
112	$P\bar{4}2c$	D_{2d}^2
113	$P\bar{4}2_1m$	D_{2d}^3
114	$P\bar{4}2_1c$	D_{2d}^4

Nr.	Hermann-Mauguin	Schoenflies
115	$P\bar{4}m2$	D_{2d}^5
116	$P\bar{4}c2$	D_{2d}^6
117	$P\bar{4}b2$	D_{2d}^7
118	$P\bar{4}n2$	D_{2d}^8
119	$I\bar{4}m2$	D_{2d}^9
120	$I\bar{4}c2$	D_{2d}^{10}
121	$I\bar{4}2m$	D_{2d}^{11}
122	$I\bar{4}2d$	D_{2d}^{12}
123	$P\frac{4}{m}mm$	D_{4h}^1
124	$P\frac{4}{m}cc$	D_{4h}^2
125	$P\frac{4}{n}bm$	D_{4h}^3
126	$P\frac{4}{n}nc$	D_{4h}^4
127	$P\frac{4}{m}bm$	D_{4h}^5
128	$P\frac{4}{m}nc$	D_{4h}^6
129	$P\frac{4}{n}mm$	D_{4h}^7
130	$P\frac{4}{n}cc$	D_{4h}^8
131	$P\frac{4_2}{m}mc$	D_{4h}^9
132	$P\frac{4_2}{m}cm$	D_{4h}^{10}

Nr.	Hermann-Mauguin	Schoenflies
133	$P\frac{4_2}{n}bc$	D_{4h}^{11}
134	$P\frac{4_2}{n}nm$	D_{4h}^{12}
135	$P\frac{4_2}{m}bc$	D_{4h}^{13}
136	$P\frac{4_2}{m}nm$	D_{4h}^{14}
137	$P\frac{4_2}{n}mc$	D_{4h}^{15}
138	$P\frac{4_2}{n}cm$	D_{4h}^{16}
139	$I\frac{4}{m}mm$	D_{4h}^{17}
140	$I\frac{4}{m}cm$	D_{4h}^{18}
141	$I\frac{4_1}{a}md$	D_{4h}^{19}
142	$I\frac{4_1}{a}cd$	D_{4h}^{20}
143	$P3$	C_3^1
144	$P3_1$	C_3^2
145	$P3_2$	C_3^3
146	$R3$	C_3^4
147	$P\bar{3}$	C_{3i}^1
148	$R\bar{3}$	C_{3i}^2
149	$P312$	D_3^1
150	$P321$	D_3^2
151	$P3_112$	D_3^3
152	$P3_121$	D_3^4
153	$P3_212$	D_3^5
154	$P3_221$	D_3^6
155	$R32$	D_3^7
156	$P3m1$	C_{3v}^1
157	$P31m$	C_{3v}^2
158	$P3c1$	C_{3v}^3
159	$C31c$	C_{3v}^4
160	$R3m$	C_{3v}^5
161	$R3c$	C_{3v}^6
162	$P\bar{3}1m$	D_{3d}^1
163	$P\bar{3}1c$	D_{3d}^2
164	$P\bar{3}m1$	D_{3d}^3
165	$P\bar{3}c1$	D_{3d}^4
166	$R\bar{3}m$	D_{3d}^5
167	$R\bar{3}c$	D_{3d}^6
168	$P6$	C_6^1
169	$P6_1$	C_6^2
170	$P6_5$	C_6^3
171	$P6_2$	C_6^4
172	$P6_4$	C_6^5
173	$P6_3$	C_6^6
174	$P\bar{6}$	C_{3h}^1
175	$P\frac{6}{m}$	C_{6h}^1

Nr.	Hermann-Mauguin	Schoenflies
176	$P\frac{6_3}{m}$	C_{6h}^2
177	$P622$	D_6^1
178	$P6_122$	D_6^2
179	$P6_522$	D_6^3
180	$P6_222$	D_6^4
181	$P6_422$	D_6^5
182	$P6_322$	D_6^6
183	$P6mm$	C_{6v}^1
184	$P6cc$	C_{6v}^2
185	$P6_3cm$	C_{6v}^3
186	$P6_3mc$	C_{6v}^4
187	$P\bar{6}m2$	D_{3h}^1
188	$P\bar{6}c2$	D_{3h}^2
189	$P\bar{6}2m$	D_{3h}^3
190	$P\bar{6}2c$	D_{3h}^4
191	$P\frac{6}{m}mm$	D_{6h}^1
192	$P\frac{6}{m}cc$	D_{6h}^2
193	$P\frac{6_3}{m}cm$	D_{6h}^3
194	$P\frac{6_3}{m}mc$	D_{6h}^4
195	$P23$	T^1
196	$F23$	T^2
197	$I23$	T^3
198	$P2_13$	T^4
199	$I2_13$	T^5
200	$Pm3$	T_h^1
201	$Pn3$	T_h^2
202	$Fm3$	T_h^3
203	$Fd3$	T_h^4
204	$Im3$	T_h^5
205	$Pa3$	T_h^6
206	$Ia3$	T_h^7
207	$P432$	O^1
208	$P4_232$	O^2
209	$F432$	O^3
210	$F4_132$	O^4
211	$I432$	O^5
212	$P4_332$	O^6
213	$P4_132$	O^7
214	$I4_132$	O^8
215	$P\bar{4}3m$	T_d^1
216	$F\bar{4}3m$	T_d^2
217	$I\bar{4}3n$	T_d^3
218	$P\bar{4}3m$	T_d^4
219	$F\bar{4}3c$	T_d^5
220	$I\bar{4}3d$	T_d^6
221	$Pm3m$	O_h^1
222	$Pn3n$	O_h^2

Nr.	Hermann-Mauguin	Schoenflies	Nr.	Hermann-Mauguin	Schoenflies
223	*Pm3n*	O_h^3	227	*Fd3m*	O_h^7
224	*Pn3m*	O_h^4	228	*Fd3c*	O_h^8
225	*Fm3m*	O_h^5	229	*Im3m*	O_h^9
226	*Fm3c*	O_h^6	230	*Ia3d*	O_h^{10}

Einige Bemerkungen über die viel verwendeten Hermann-Mauguin'schen Raumgruppensymbole sind für das Lesen kristallstruktureller Arbeiten wichtig:

1. Das Hermann-Mauguin'sche Symbol kann mit der Orientierung zum Achsenkreuz verschiedene Formen annehmen. Die behandelte Raumgruppe kann man z.B. auch so aufstellen, daß die Translationsrichtung der Gleitspiegelebene [100] ist; dann lautet das Symbol nicht $P\,2_1/c$ sondern $P\,2_1/a$. Da es für den weniger Geübten oft recht schwierig ist, aus dem Hermann-Mauguin'schen Symbol für eine beliebige Orientierung jenes der „Normalaufstellung" der Tabellenwerke abzuleiten, so wird in der Literatur neben dem Hermann-Mauguin'schen Symbol meist auch das Schoenflies'sche Symbol angegeben; dieses vernachlässigt zwar die Orientierung und sagt auch sonst weniger aus, ist aber eindeutig und erleichtert somit das Auffinden der vollständigen Beschreibung in den „International Tables". Neuerdings wird neben dem Hermann-Mauguin'schen Symbol auch manchmal die Nummer der Raumgruppe entsprechend Tab. 10 angegeben.

2. Das Hermann-Mauguin'sche Symbol gibt in der Regel nicht alle Symmetrieelemente der Raumgruppe (und zwar auch nicht in der sogenannten „vollständigen Form", welche in der vorliegenden Darstellung vernachlässigt wird!). Das erkennt man z.B. leicht an dem Beispiel $P\,2_1/c$. Diese Raumgruppe enthält auch Symmetriezentren, welche sich aus dem Symbol zwar zwangs-

läufig ableiten, die aber nicht explizit angegeben werden. Häufig liegen in einer Richtung parallel zueinander verschiedene Arten von Symmetrieachsen (z. B. 2 neben 2_1) oder verschiedene Arten von Symmetrieebenen; von diesen Symmetrieelementen gibt das Hermann-Mauguin'sche Symbol immer nur eines (das zweckmäßig ausgewählt ist).

3. Das Hermann-Mauguin'sche Symbol erlaubt im allgemeinen die Ableitung der vollen Symmetrie der Raumgruppe. Es sei jedoch nicht verschwiegen, daß man dabei in mancherlei Schwierigkeiten geraten kann. Vor allem dem Ungeübten sei deshalb ausdrücklich empfohlen, immer die „International Tables" zu Rate zu ziehen, in denen jede Raumgruppe ausführlich beschrieben ist. Das ist auch wegen der einheitlichen Wahl des Ursprungs der Elementarzelle notwendig.

In den Raumgruppen Nr. 23 und Nr. 24 von Tab. 10 (D_2^8 und D_2^9 nach Schoenflies), deren Hermann-Mauguin'sche Symbole man üblicherweise $I\,222$ bzw. $I\,2_12_12_1$ schreibt, verlaufen parallel zu allen drei kristallographischen Achsen sowohl 2- wie 2_1-Achsen. Die beiden Raumgruppen unterscheiden sich nur in der räumlichen Orientierung der Symmetrieelemente zueinander. Es ist folglich willkürlich, daß man im Symbol der einen Raumgruppe die 2-Achsen und in dem der anderen die 2_1-Achsen angibt. Analoges gilt für die Raumgruppen Nr. 197 und Nr. 199 (T^3 und T^5 nach Schoenflies), deren Hermann-Mauguin'sche Symbole $I\,23$ und $I2_13$ geschrieben werden.

4. Aus dem Hermann-Mauguin'schen Raumgruppensymbol kann man unabhängig von der Orientierung sofort das Symbol für die Kristallklasse ableiten. Dazu hat man nur den Großbuchstaben wegzulassen und die (allfälligen) Symbole für Schraubenachsen und Gleitspiegelebenen durch die Symbole für gewöhnliche Drehachsen bzw. gewöhnliche Symmetrieebenen zu ersetzen. Im Beispiel: $P\,2_1/c \rightarrow 2/\mathrm{m}$.

Interatomare Abstände. Bindungswinkel.

Für die Kristallchemie sind interatomare Abstände und Winkel zwischen Bindungsrichtungen von besonderem Interesse. Man kann den Abstand d_{AB} zwischen zwei Punkten A (x_A, y_A, z_A) und B (x_B, y_B, z_B) auch in einer triklinen Zelle verhältnismäßig einfach berechnen. Führt man zur Abkürzung ein: $a_0 \cdot |x_A - x_B| = \Delta x$, $b_0 \cdot |y_A - y_B| = \Delta y$ und $c_0 \cdot |z_A - z_B| = \Delta z$, so gilt: $d_{AB} = \sqrt{(\Delta x)^2 + (\Delta y)^2 + (\Delta z)^2 + 2 \cdot \Delta x \cdot \Delta y \cdot \cos\gamma + 2 \cdot \Delta y \cdot \Delta z \cdot \cos\alpha + 2 \cdot \Delta z \cdot \Delta x \cdot \cos\beta}$, wobei α, β und γ die Winkel der Elementarzelle sind (vgl. Abb. 3, S. 14). Die Vereinfachungen für die Elementarzellen höherer Symmetrie ergeben sich leicht, indem man die speziellen Beziehungen unter den Zellkonstanten, bzw. ihre besonderen Werte (wie z. B. $\alpha = \gamma = 90^0$) berücksichtigt.

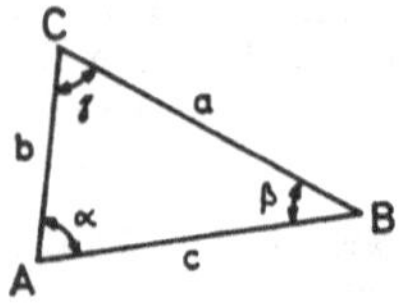

Abb. 15. Dreieck mit Bezeichnung der Seiten, Winkel und Ecken.

Die Winkel zwischen Bindungsrichtungen erhält man am übersichtlichsten so, daß man alle Seiten des entsprechenden Dreiecks, z. B. BAC (Abb. 15) berechnet und dann den gesuchten Winkel $\sphericalangle\, BAC = \alpha$ erhält nach

$$\cos\alpha = \frac{b^2 + c^2 - a^2}{2bc}.$$

Die Zuverlässigkeit einer Kristallstrukturbestimmung.

Eine Kristallstrukturbestimmung ist mit einer um so größeren Zuverlässigkeit prinzipiell richtig und ist mit einem um so kleineren Fehler in der Lokalisation der Atome behaftet, je besser die Übereinstimmung zwischen den beobachteten und den nach den Gesetzen der Beugungstheorie berechneten Strukturamplituden ist. Als grobes Maß dafür dient der Zuverlässigkeitsindex oder R-Wert (nach dem englischen Ausdruck reliability-index):

$$R = \frac{\Sigma \mid |F_0| - |F_c| \mid}{\Sigma |F_0|}.$$

In diesem Ausdruck bedeuten F_0 die beobachteten (absoluten) Strukturamplituden (F_0 nach engl.: observed), F_c die berechneten (nach engl.: calculated); die Summe ist über alle berücksichtigten Reflexe zu nehmen. Je kleiner der Zuverlässigkeitsindex ist, um so besser ist die Struktur belegt. Bei einem Kristall, der aus ungefähr gleich streuenden Atomen aufgebaut ist (bei einer röntgenographischen Strukturbestimmung also im Falle einer Substanz aus Atomen ähnlicher Ordnungszahl) darf man im allgemeinen annehmen, daß die Atomanordnung prinzipiell richtig aufgeklärt wurde, wenn der Zuverlässigkeitsindex kleiner als 0.2 ist; dabei ist angenommen, daß die Anzahl der berücksichtigten Reflexe etwa dreimal so groß als die Zahl der Parameter ist. Bei großen Unterschieden im Streuvermögen der Atome (etwa Sauerstoff neben Blei) muß der R-Wert beträchtlich kleiner sein ($R \sim 0.10$ oder kleiner), wenn auch die Lokalisierung der schwach streuenden Atome belegt sein soll.

Im Detail ist es recht schwierig anzugeben, wie klein R sein muß, damit man einer Strukturbestimmung trauen darf. Für einen bestimmten R-Wert — z. B. R = 0,10 — ist eine Struktur umso besser belegt, je mehr Reflexe zur Berechnung des Zuverlässigkeitsindex herangezogen werden. Daraus ergibt sich, daß eine Struktur beim Arbeiten mit 3-dimensionalen Daten schon bei einem etwas (um 0.05—0.10) schlechteren R-Wert ebensogut belegt ist als beim Arbeiten mit 2-dimensionalen Daten (d.h. in Projektionen). — Der theoretisch mögliche Fall, daß zwei vollständig verschiedene Atomanordnungen dieselben Beugungseffekte geben können (Homometrie), spielt in der Praxis der Strukturbestimmung fast keine Rolle. Hingegen kommt es bisweilen vor, daß sehr verschiedene Atomanordnungen verhältnismäßig ähnliche Beugungseffekte geben (Pseudo-Homometrie). Das Ausschalten der Verwechslung einer pseudo-homometrischen Atomanordnung mit der richtigen erfolgt dadurch, daß man möglichst gute Übereinstimmung zwischen beobachteten und berechneten Strukturamplituden, also möglichst kleine Zuverlässigkeitsindices anstrebt.

Die Koordination und damit verknüpfte Probleme.

Für die Kristallchemie spielen von der gesamten Geometrie der Atomanordnung die unmittelbaren Nachbarschaftsverhältnisse der Strukturbestandteile, die Koordinationsverhältnisse, die größte Rolle, da sich hier die Größenverhältnisse der Atome (Ionen) und die chemischen Bindungskräfte in erster Linie äußern. Unter der Koordinationszahl eines Atoms oder Ions versteht man die Zahl der nächsten Nachbarn. Obwohl der Begriff „nächste Nachbarn" geometrisch klar definiert ist, läßt man aus Zweckmäßigkeitsgründen in der Kristallchemie häufig eine Toleranz von $\sim 15\%$ zu. Das ist sinnvoll, weil die Fehlergrenze der Bestimmung interatomarer Abstände öfter einige Prozent beträgt (auch in modernen Arbeiten, falls die Substanz Atome stark unterschiedlichen Streuvermögens enthält); hinzu kommt, daß die kausale Begründung kleiner Unterschiede in Bindungslängen häufig schwierig ist. Als Koordinationspolyeder bezeichnet man jenes Polyeder, das man erhält, indem man die Schwerpunkte der koordinierenden Atome so miteinander durch Ebenen verbindet, daß ein konvexer Körper entsteht. Der Ausdruck Koordinationsfigur ist im wesentlichen gleichbedeutend, umfaßt aber z. B. auch ebene Koordinationen wie etwa die planare 3-Koordination. Abb. 16 gibt einige Beispiele für hochsymmetrische Koordinationsfiguren.

In Kristallen mit elektrostatischer Bindung haben die nächsten Nachbarn eines Ions immer die entgegen-

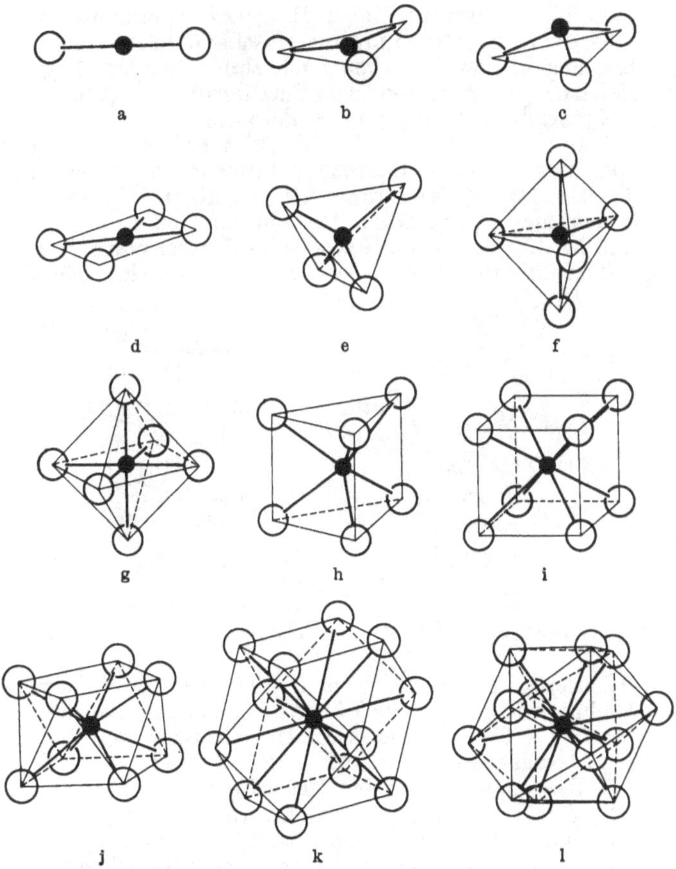

Abb. 16. Hochsymmetrische Koordinationsfiguren: [a)] lineare 2-Koordination, [b)] ebene 3-Koordination, [c)] pyramidale 3-Koordination, [d)] quadratische 4-Koordination, [e)] tetraedrische 4-Koordination, [f)] trigonal-dipyramidale 5-Koordination, [g)] oktaedrische 6-Koordination, [h)] trigonal-prismatische 6-Koordination, [i)] würfelige 8-Koordination, [j)] tetragonales Antiprisma, [k)] kuboktaedrische 12-Koordination, [l)] ikosaedrische 12-Koordination.

gesetzte Ladung; sie bilden die „erste Koordinationssphäre“. In Kristallen mit metallischer oder kovalenter Bindung können hingegen auch zum zentralen Atom gleichartige zur ersten Koordinationssphäre gehören.

Zunächst einige völlig klare Beispiele:

1. Im Diamant (Abb. 17) ist jedes Kohlenstoffatom von vier anderen C-Atomen tetraedrisch umgeben (C—C = 1,54 Å); weitere (zwölf) Nachbarn folgen erst in dem um 64% größeren Abstand von 2,52 Å.

2. Im Graphit (Abb. 18) ist jedes C-Atom planar von drei Nachbarn umgeben, welche an den Ecken eines

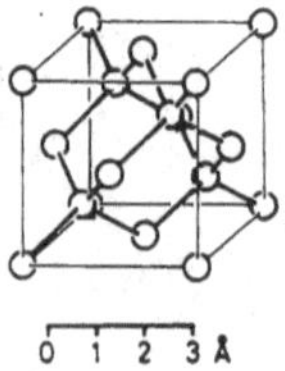

Abb. 17. Diamant, $\overset{3}{\infty}C^{[4]}k$; $a_0 = 3{,}57$ Å.

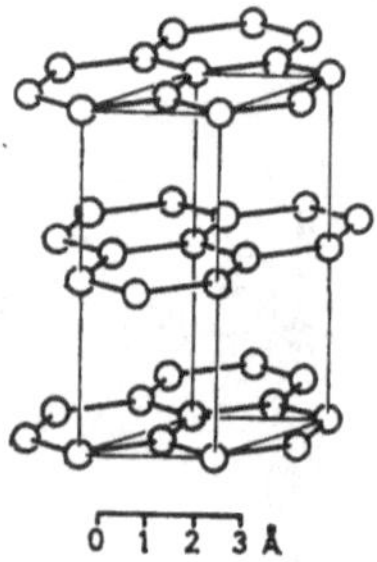

Abb. 18. Graphit, $\infty C^{[3]}h$; $a_0 = 2{,}46$ Å, $c_0 = 6{,}71$ Å.

gleichseitigen Dreiecks liegen (C—C = 1,42 Å). Weitere Nachbarn folgen für die Hälfte der Atome im Abstand von 3,35 Å, für die andere Hälfte im Abstand von 3,64 Å. Die Atomanordnung ist ausgeprägt schichtenförmig.

3. Das metallische Selen (Abb. 19) zeigt schraubenartig gewundene Atomketten. Innerhalb eines Kettenverbandes ist der Se-Se-Abstand 2,32 Å, während der nächste Abstand zu einem Se-Atom einer benachbarten Kette um fast 50% größer ist — er mißt 3,64 Å. Es liegt also eine (gewinkelte) 2-Koordination vor.

4. Im NaCl (Abb. 20) ist jedes Na^+ von sechs Cl^- im Abstand von 2,82 Å umgeben; das Koordinations-

polyeder ist ein Oktaeder. In einer zweiten Koordinationssphäre folgen 12 Na^+-Ionen im Abstand von 3,99 Å — der Längenunterschied ist also 41 %. Umgekehrt

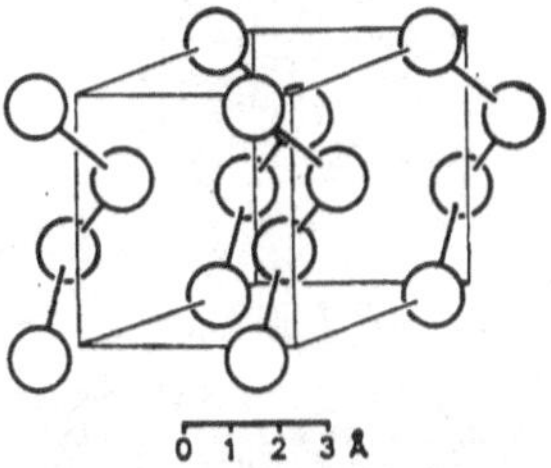

Abb. 19. Selen, $^1_\infty Se^{[2]}h$; a_0 = 4,36 Å, c_0 = 4,95 Å.

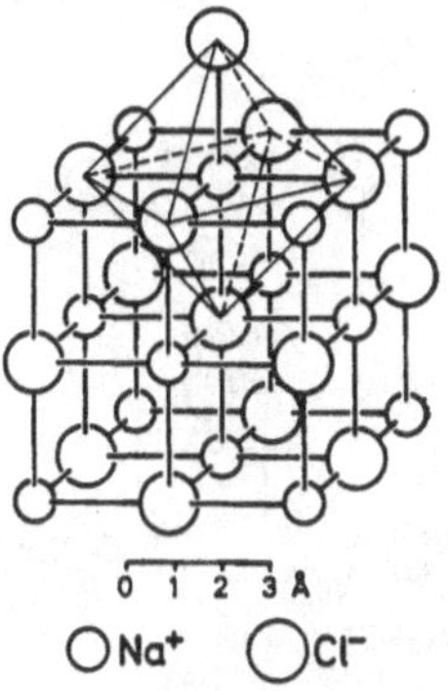

Abb. 20. Steinsalz, $Na^{[6]}Cl^{[6]}k$; a_0 = 5,64 Å. Bereich einer Elementarzelle; um ein Na^+ ist das Koordinationsoktaeder vervollständigt.

sind die Cl^--Ionen oktaedrisch von sechs Na^+ umgeben. Analog wie das Steinsalz, wenn auch mit anderen Gitterkonstanten, kristallisieren viele andere Halogenide, Oxide und Sulfide, z.B. KCl, LiF, AgCl, AgBr, MgO, CaO, PbS, usw. Man sagt, daß alle diese Substanzen dem Strukturtyp des NaCl angehören oder im NaCl-Typ kristallisieren. Als namengebend für eine solche Stoffklasse wählt man eine besonders wichtige, typische und gut bekannte Verbindung.

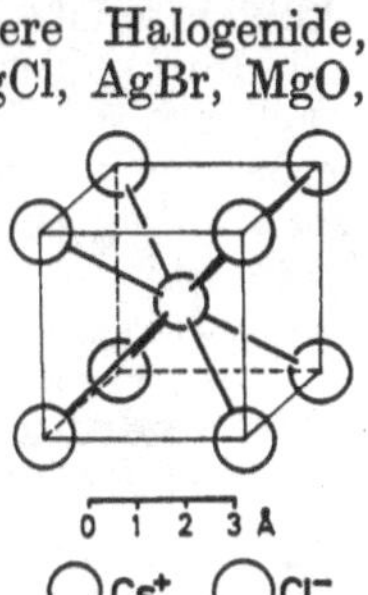

Abb. 21. Cäsiumchlorid, $Cs^{[8]}Cl^{[8]}k$; a_0 = 4,12 Å.

5. Im CsCl (Abb. 21) ist jedes Cs^+ von acht Cl^--Ionen würfelig umgeben (Cs—Cl = 3,58 Å); sechs weitere Nachbarn sind Cs^+-Ionen im

Abstand von 4,12 Å. Umgekehrt sind die Cl^--Ionen würfelig von acht Cs^+ umgeben.

6. Im elementaren Kupfer (Abb. 22) ist jedes Cu von zwölf gleichartigen Nachbarn im Abstand von 2,55 Å

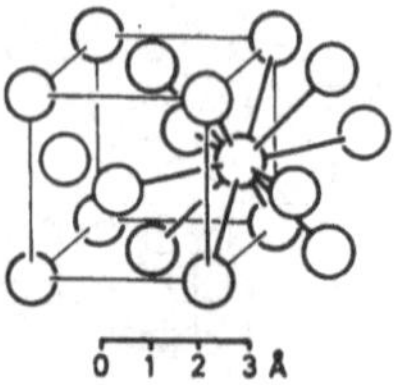

Abb. 22. Kupfer, $Cu^{[12]}k$; $a_0 = 3{,}62$ Å. Um ein Atom ist die Koordination über die Elementarzelle hinaus zum vollständigen Kuboktaeder ergänzt.

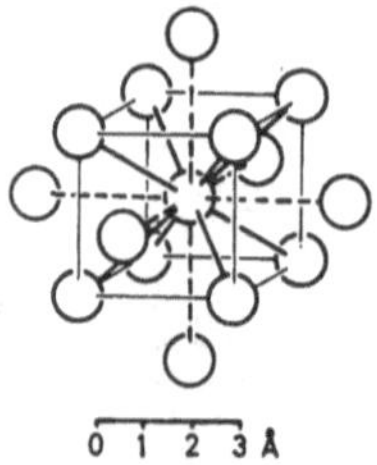

Abb. 23. Wolfram, $W^{[8+6]}k$; $a_0 = 3{,}16$ Å. Vom Atom im Zentrum der Elementarzelle aus sind neben den acht nächsten interatomaren Abständen auch die sechs um 15% größeren (gestrichelt) gezeichnet.

umgeben; das Koordinationspolyeder ist ein Kuboktaeder (vgl. Abb. 16). Die sechs Nachbarn der zweiten Sphäre sind mit 3,62 Å um über 40% weiter entfernt.

Nun sollen einige Beispiele folgen, die zeigen, daß die Angabe der Koordinationszahl nicht immer frei von Problemen ist:

1. Im Wolfram (Abb. 23) ist jedes Atom von acht Nachbarn im Abstand von 2,74 Å würfelig koordiniert; sechs weitere W-Atome folgen mit 3,16 Å, einem also um 15% größeren Abstand. Betrachtet man diesen Unterschied als kristallchemisch nur von zweitrangiger Bedeutung, so kann man sagen, es liege eine 14-Koordination vor und das Koordinationspolyeder sei ein Rhombendodekaeder. Weitere (zwölf) Nachbarn folgen erst in einem Abstand von 4,48 Å.

2. Im Rutil, der unter gewöhnlichen Bedingungen stabilen Modifikation von TiO_2, ist jedes Titan oktaedrisch von sechs Sauerstoffen umgeben (Abb. 24). Diese Aussage gilt jedoch nur mit einer gewissen Nähe-

rung. Die sechs TiO-Abstände sind nicht genau gleich lang: zwei messen $1{,}94_4$ Å und vier $1{,}98_8$ Å (mit einem wahrscheinlichen Fehler von 0,005 Å) Von den zwölf

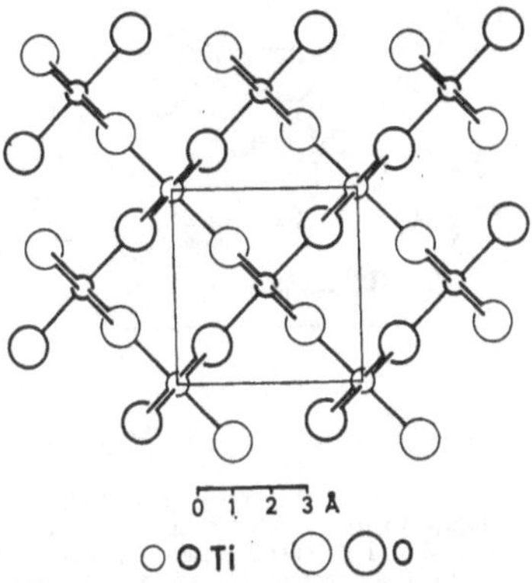

Abb. 24. Rutil, $Ti^{[6]}O_2^{[3]}t$; $a_0 = 4{,}59$ Å, $c_0 = 2{,}96$ Å. Projektion parallel [001]. Die stark und die schwach gezeichneten Atome sind in ihrer Höhe um $c_0/2$ (= 1,48 Å) verschieden.

OTiO-Winkeln, die in einem idealen Oktaeder alle 90° wären, sind je zwei 81° bzw. 99° groß; die restlichen acht sind rechte Winkel. Man spricht in solchen Fällen von einer *verzerrten Koordination*.

3. Deutlich komplizierter sind die Umgebungsverhältnisse im $BaSO_4$ (Abb. 25; Baryt). Die Koordination um den Schwefel ist zwar recht einfach: Vier Sauerstoffe bilden ein leicht verzerrtes Tetraeder mit einem mittleren S-O-Abstand von 1,50 Å. Um Ba^{2+} gliedern sich jedoch die Abstände zu den nächsten Sauerstoffnachbarn folgendermaßen auf: 2,76 Å (1 ×), 2,78 Å (1 ×), 2,82 Å (2 ×), 2,84 Å (2 ×), 2,91 Å (2 ×), 3,08 Å (2 ×) und 3,30 Å (2 ×) — dann folgt ein Sprung auf 4,08 Å; der mittlere Fehler ist 0,02 Å. Man sieht daraus, daß sich zwölf Nachbarn in einer Entfernung zwischen 2,76 und 3,30 Å befinden; die Längen der Ba-O-Abstände

dieser „ersten“ Koordinationssphäre variieren also um etwa 20%. Das Koordinationspolyeder ist ein komplizierter Körper.

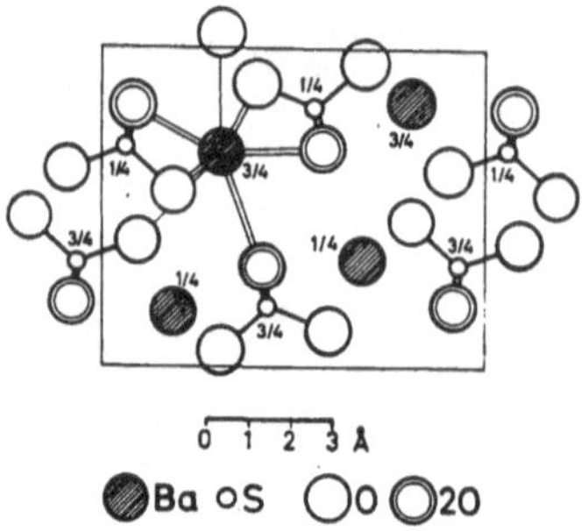

Abb. 25. Baryt (Schwerspat), $Ba^{[12]}[SO_4]rh$; $a_0 = 7{,}19$ Å, $b_0 = 8{,}91$ Å, $c_0 = 5{,}47$ Å. Projektion parallel [010]. In den Höhen $y = 1/4$ und $y = 3/4$, in denen auch die Ba^{2+}-Ionen und die Schwefel sitzen, verlaufen Symmetrieebenen parallel zur Zeichenebene. Die durch einfache Kreise dargestellten Sauerstoffe liegen genau in diesen Ebenen, die durch doppelte Kreise dargestellten um 1,18 Å sowohl darüber wie darunter.

4. Interessante Verhältnisse findet man bei einer Reihe von AB-Verbindungen, welche analog dem NiAs (als Mineral: Rotnickelkies oder Nickelin) kristallisieren (Abb. 26), die jedoch je nach den Atomen, welche sie aufbauen, unterschiedliche Gitterkonstanten und auch unterschiedliche Achsenverhältnisse c_0/a_0 haben. Als einen geometrischen Idealtyp kann man jenen mit $c_0/a_0 = 1{,}633$ betrachten. Dann ist jedes A-Atom ideal oktaedrisch von sechs B-Atomen umgeben, zwei weitere A-Atome folgen in einem um 15% größeren Abstand; umgekehrt ist jedes B-Atom von sechs A-Atomen in Form eines trigonalen Prismas koordiniert. Wie Tab. 11 zeigt, ist das Achsenverhältnis der meisten Vertreter beträchtlich kleiner als der „Idealwert“. Bei $c_0/a_0 = 1{,}33$ ist in der Koordination um die A-Atome der Unterschied zwischen den A-B und A-A-Abständen völlig verschwunden.

5. Als Beispiel für die Koordinationsverhältnisse in einer typisch intermetallischen Verbindung sei das $MgCu_2$ (Abb. 27) besprochen. Es ist der Prototyp für

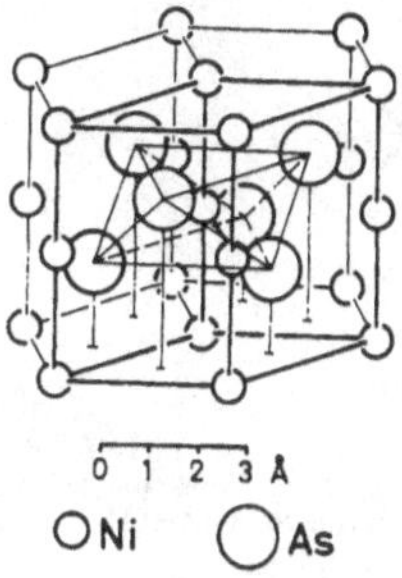

Abb. 26. Nickelin (Rotnickelkies), $Ni^{[6]}As^{[6]}h$; $a_0 = 3{,}58$ Å, $c_0 = 5{,}11$ Å. Um ein Ni ist das abgeflachte Koordinationsoktaeder aus As-Atomen gezeichnet. Die relativ kurzen Ni-Ni-Abstände liegen in Richtung [00.1].

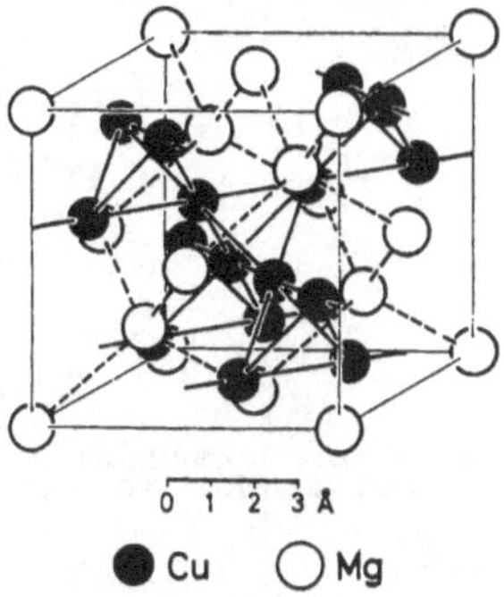

Abb. 27. $Mg^{[12Cu+4Mg]}Cu_2^{[6Cu+6Mg]}k$; $a_0 = 7{,}03$ Å. Es sind die kürzesten Cu-Cu-Abstände voll und die kürzesten Mg-Mg-Abstände gestrichelt gezeichnet.

Tab. 11. Einige Vertreter des NiAs-Typs

Formel	a_0(Å)	c_0(Å)	c_0/a_0
NiAs	3,60	5,01	1,39
NiSb	3,94	5,14	1,30
CoS	3,37	5,16	1,54
CoSe	3,63	5,30	1,46
CoTe	3,89	5,36	1,38
CoSb	3,87	5,19	1,34
AuSn	4,32	5,52	1,28

eine große Zahl gleich gebauter Strukturen, die auch kubische Laves-Phasen genannt werden. Jedes Mg ist von zwölf Cu-Atomen als nächsten Nachbarn umgeben, vier Mg-Atome folgen in einem nur um 4% größeren Abstand. Jedes Cu-Atom hat als nächste Nachbarn sechs Cu-Atome, sechs Mg-Atome sind um

17% weiter entfernt; faßt man beide Atomsorten zusammen, so ist das Koordinationspolyeder ein verzerrtes Ikosaeder (Abb. 28, vgl. auch Abb. 16).

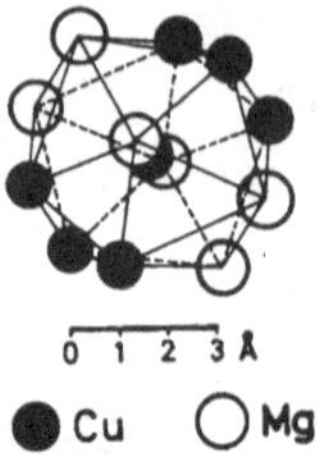

Abb. 28. $MgCu_2$; Koordination um Cu. Das verzerrte Ikosaeder ist ungefähr parallel zur Richtung einer pseudo-fünfzähligen Achse projiziert.

Kristallchemische Formeln.

Die Beschreibung einer Struktur durch Angabe der Gitterkonstanten, der Raumgruppe und der Atomkoordinaten ist zwar weitgehend vollständig und für die kristallchemische Auswertung grundlegend, aber nicht unmittelbar anschaulich. Deshalb wird in den Veröffentlichungen die Atomanordnung in der Regel auch graphisch dargestellt — sei es durch einen Schrägriß (vgl. z.B. Abb. 26 und Abb. 27), sei es durch die Projektion parallel zu einer kristallographisch ausgezeichneten Richtung (vgl. Abb. 24 und Abb. 25).

Darüber hinaus besteht ein dringendes Bedürfnis nach einer kurzen, formelmäßigen Angabe der wesentlichen Züge einer Kristallstruktur, für eine kristallchemische Formel. Es soll hier dafür der Schreibweise von F. Machatschki gefolgt werden; sie gibt zwar nicht die Details der Struktur, ist jedoch besonders übersichtlich und deshalb hier komplizierteren „Formeln" vorzuziehen.

Man geht von der üblichen chemischen Formel aus und schreibt zu jedem Atom rechts oben die Koordinationszahl in eckige Klammern. Links vor die Formel kommt $\overset{1}{\infty}$, $\overset{2}{\infty}$ oder $\overset{3}{\infty}$, je nachdem, ob eine Kettenstruktur (wie z.B. im Selen, vgl. Abb. 19), eine Schichtstruktur (wie z.B. im Graphit, Abb. 18) oder eine Struktur mit im wesentlichen gleich starken chemischen Bindungen in allen Richtungen des Raumes vorliegt (Diamant, Cu, W, NaCl, CsCl, TiO_2; ...). An das Ende der Formel kommt abgekürzt das Kristallsystem (trkl = triklin, m = monoklin, rh = rhombisch, t = tetragonal, h = hexagonal, rhd = rhomboedrisch, k = kubisch).

Damit werden folgende kristallchemische Formeln bereits besprochener Strukturen sofort verständlich: $\overset{3}{\infty}\,Cu^{[12]}k$, $\overset{3}{\infty}\,Na^{[6]}Cl^{[6]}k$, $\overset{3}{\infty}\,Cs^{[8]}Cl^{[8]}k$, $\overset{3}{\infty}\,C^{[4]}k$ (Diamant), $\overset{2}{\infty}\,C^{[3]}h$ (Graphit), $\overset{1}{\infty}\,Se^{[2]}h$, $\overset{3}{\infty}\,Ti^{[6]}O_2^{[3]}t$.

Zur Vereinfachung des Formelbildes wird im folgenden $\overset{3}{\infty}$ immer weggelassen. Ferner werden fest gebundene Atomkomplexe, wie z.B. die SO_4^{2-}-Gruppe in eine eckige Klammer gesetzt; bei den wichtigsten von ihnen (Tab. 12) wird auf die ständige Wiederholung der Koordinationszahl verzichtet. So soll die Formel für $BaSO_4$ nicht $\overset{3}{\infty}\,Ba^{[12]}S^{[4]}O_4^{[1S+3Ba]}rh$ sondern vereinfacht $Ba^{[12]}\,[SO_4^{[1S+3Ba]}]$ rh oder (falls die Koordinationsverhältnisse um die elektronegativen Strukturbestandteile weniger interessieren) auch nur $Ba^{[12]}\,[SO_4]$ rh geschrieben werden.

Lassen sich in der Koordinationsfigur verschiedene Abstandsgruppen unterscheiden, so kann man das leicht in der Hochzahl für die Koordination andeuten. So wird man für die Atomanordnung von Wolfram $W^{[8]}k$ oder $W^{[8+6]}k$ schreiben, je nachdem ob man nur die acht nächsten Nachbarn oder auch noch die sechs um 15% weiter entfernten in der Formel zum Ausdruck bringen möchte.

Die kristallchemische Formel für das NiAs wäre zu schreiben $Ni^{[6As+2Ni]}As^{[6Ni]}h$, die für $MgCu_2$: $Mg^{[12Cu+4Mg]}Cu_2^{[6Cu+6Mg]}k$.

Tab. 12. Gestalt und Dimensionen einiger wichtiger Ionenkomplexe. Unter „Abstand“ ist die Entfernung der ungleichnamigen Atome angegeben

Komplex	Gestalt	Abstand	Komplex	Gestalt	Abstand
OH^-	linear	0,97 Å	SO_4^{2-}	tetraedrisch (Abb. 16e)	1,48 Å
CN^-	„	1,15	BeF_4^{2-}	„ „	1,55
NO_2^-	gewinkelt	1,24[1])	PO_4^{3-}	„ „	1,54
NO_3^-	dreieckig (Abb. 16b)	1,24	AsO_4^{3-}	„ „	1,75
CO_3^{2-}	„ „	1,29	SiO_4^{4-}	„ „	1,62
ClO_3^-	pyramidal (Abb. 16c)	1,48[2])	$PtCl_4^{2-}$	quadratisch (Abb. 16d)	2,32
AsS_3^{3-}	„ „	2,25[3])	SiF_6^{2-}	oktaedrisch (Abb. 16g)	1,71
ClO_4^-	tetraedrisch (Abb. 16e)	1,50	$PtCl_6^{2-}$	„ „	2,33

[1]) ∢ ONO = 115°.
[2]) ∢ OClO = 105°.
[3]) ∢ SAsS = 103°.

II. Die absolute Größe der Strukturbestandteile

Die üblichen Kristallstrukturbestimmungen liefern nur die Abstände zwischen den Atomschwerpunkten, sagen aber unmittelbar nichts über die Größe der einzelnen Strukturbestandteile aus. Da man anzunehmen hat, daß die absolute Größe der Atome und Ionen ein wichtiger Faktor für das Auftreten eines speziellen Strukturtyps sind, hat man sich schon bald nach der Bestimmung der ersten Kristallstrukturen Gedanken über die absolute Größe der Strukturbestandteile gemacht, wobei man zunächst vom Bild kugelförmiger Partikel ausging.

Metallische Wirkungsradien.

Am einfachsten kann man bei den metallischen Elementen zu einer begründeten Vorstellung für die absolute Größe der kugelförmig gedachten Atome kommen. Die Atomanordnung des Kupfers kann man sich folgendermaßen aus gleich großen Kugeln aufgebaut denken: Man bildet zunächst eine ebene Kugelpackung wie in Abb. 29 und stapelt idente Schichten dieser Art so übereinander, daß sie „einrasten"; die Kugeln der oberen Schicht liegen dann immer über Lücken der Schicht unmittelbar darunter (Abb. 30). Auf diese Weise erhält man Packungen gleich großer Kugeln, in denen jede Kugel zwölf Nachbarn berührt und in denen

Abb. 29. Dichteste ebene Packung gleich großer Kugeln.

Abb. 30. Zwei ebene Dichtestpackungen von Kugeln so übereinander gestapelt, daß eine möglichst gute Raumerfüllung resultiert.

die Kugeln 74 % des Raumes einnehmen. Man nennt sie dichteste Kugelpackungen, weil Kugelpackungen mit einer noch größeren Raumerfüllung nicht bekannt sind. Von diesen dichtesten Kugelpackungen kann man unendlich viele Stapelvarianten ersinnen. Das Kupfer und viele andere kubische Metalle (Tab. 13) entsprechen der in Abb. 31 dargestellten Stapelung, in welcher die

Tab. 13. Wichtige Metalle, die in der kubischen Dichtestpackung kristallisieren

	a_0 (Å)	r (Å)
Ca	5,58	1,97
Sr	6,08	2,15
Ni	3,52	1,25
Pd	3,89	1,38
Pt	3,92	1,39
Cu	3,62	1,28
Ag	4,09	1,44
Au	4,08	1,44
Al	4,05	1,43
Pb	4,95	1,75

vierte Schicht genau über die erste zu liegen kommt und die man durch die Stapelfolge ABCABC... symbolisieren kann. Um den Zusammenhang zwischen dieser Darstellung der Atomanordnung und der Elementarzelle (Abb. 22) zu verstehen, muß man sich klar darüber sein, daß in

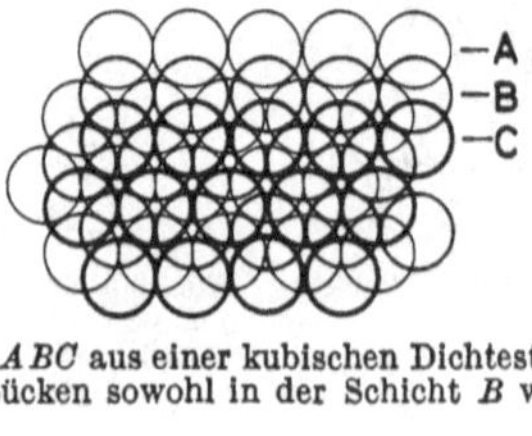

Abb. 31. Schichtfolge *ABC* aus einer kubischen Dichtestpackung. Die Kugeln der Schicht *C* über Lücken sowohl in der Schicht *B* wie in der Schicht *A*.

Abb. 31 eine Raumdiagonale der Zelle senkrecht zur Zeichenebene steht. Man nennt diese spezielle Art einer Dichtestpackung gleich großer Kugeln die kubisch dichteste Kugelpackung. In ihr ist der nächste Abstand zweier Atome $d = \frac{a_0}{2} \cdot \sqrt{2} = \frac{a_0}{\sqrt{2}}$, wie man aus Abb. 22 leicht ableitet. Da man die Atome als gleich groß annehmen muß, so ist der Wirkungsradius $r = \frac{d}{2} = \frac{a_0}{2\sqrt{2}}$; diese Werte sind in Tab. 13 aufgenommen.

Auch in einer zweiten Variante der Dichtestpackungen kristallisieren viele metallische Elemente, nämlich in jener, welche man durch die Stapelfolge ABABA... symbolisieren kann. In ihr liegt also im Gegensatz zur kubischen Dichtestpackung schon immer die übernächste Schicht über jener, bei der man zu zählen begonnen hat. Da die Symmetrie hexagonal ist, spricht man von einer hexagonal dichtesten Kugelpackung. Abb. 32 gibt als Beispiel die Atomanordnung im Magnesium.

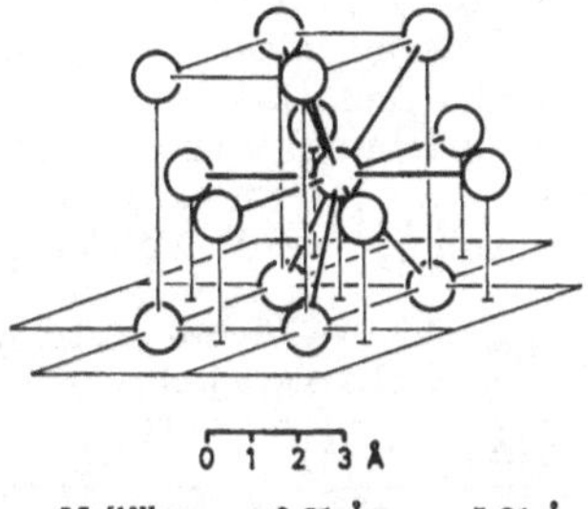

Abb. 32. Magnesium, $Mg^{[12]}h$; $a_0 = 3{,}21$ Å, $c_0 = 5{,}21$ Å. Es sind die Atomschwerpunkte dargestellt; um zur „Kugelpackung" zu kommen, sind die Kugeln so weit zu vergrößern, daß sie sich gegenseitig berühren. Um ein Atom sind alle 12 Nachbarn gezeichnet.

Die ideale hexagonale Dichtestpackung, in welcher die Kugelabstände innerhalb einer Schicht genau gleich sind jenen zwischen verschiedenen Schichten, verlangt ein ganz bestimmtes Achsenverhältnis der Elementarzelle. Wie man Abb. 33 entnimmt, ist der Abstand zwischen zwei Atomen ein und derselben Schicht gleich

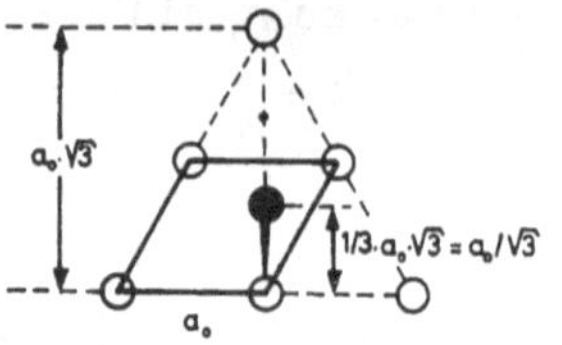

Abb. 33. Ableitung von c_0/a_0 für die hex. Dichtestpackung. Projektion parallel [00.1]. Die leer gelassenen Atome liegen in der Basisebene; das voll gezeichnete hat $z = 1/2$.

a_0, jener zwischen Atomen verschiedener Schichten gleich $\sqrt{a_0^2/3 + c_0^2/4}$. Sollen diese Abstände gleich sein, so muß gelten:

$$a_0 = \sqrt{a_0^2/3 + c_0^2/4} \quad \text{oder } a_0^2 = a_0^2/3 + c_0^2/4;$$

daraus folgt:

$$2\,a_0^2/3 = c_0^2/4 \quad \text{oder } c_0^2/a_0^2 = 8/3.$$

Es muß also $c_0/a_0 = \sqrt{8/3} \sim 1{,}633$ sein.

Tab. 14 gibt einige wichtige Vertreter für diese Atomanordnung; als Wirkungsradius ist $a_0/2$ angegeben.

Inwieweit die aus Elementstrukturen vom Typ einer dichtesten Kugelpackung abgeleiteten metallischen Wirkungsradien auf intermetallische Verbindungen anwendbar sind, soll an zwei Beispielen gezeigt werden:

Tab. 14. Einige wichtige Vertreter der hexagonalen Dichtestpackung.

	a_0 (Å)	c_0 (Å)	c_0/a_0	r (Å)
Be	2,29	3,58	1,57	1,14
Mg	3,21	5,21	1,62	1,60
Ti	2,95	4,69	1,59	1,48
Zr	3,23	5,15	1,59	1,62
Hf	3,20	5,06	1,58	1,60
Co	2,51	4,07	1,62	1,25

1. Im $MgCu_2$ (S. 47 und Abb. 27) findet man folgende nächste interatomare Abstände: Cu—Cu = 2,49 Å, Mg—Mg = 3,04 Å und Mg—Cu = 2,92 Å. Als Summe der Radien aus Tab. 13 und Tab. 14 erhält man: Cu—Cu = 2,56 Å, Mg—Mg = 3,20 Å und Mg—Cu = 2,88 Å. Die Übereinstimmung zwischen der Beobachtung und der Erwartung aus den Wirkungsradien ist durchaus gut; die größte Differenz ist etwa 5%.

2. AgMg kristallisiert im CsCl-Typ (vgl. S. 43 u. Abb. 21), a_0 = 3,28 Å. Damit ist der Abstand Ag—Mg = 2,84 Å; die Summe der Radien ist 3,04 Å, der Fehler also etwa 7%.

Weitere Wirkungsradien kann man leicht für die Vertreter des W-Typs (S. 44 und Abb. 23) erhalten. In Tab. 15 sind wichtige Metalle mit dieser Atom-

Tab. 15. Wichtige Vertreter des W-Typs

	a_0 (Å)	r (Å)
Li	3,51	1,52
Na	4,29	1,86
K	5,25	2,27
Rb	5,61	2,43
Cs	6,07	2,63
Ba	5,03	2,18
V	3,02	1,31
Nb	3,30	1,43
Ta	3,31	1,43
Mo	3,15	1,36
W	3,16	1,37
Fe	2,87	1,24

anordnung angegeben; als Radius findet man die Hälfte des kleinsten interatomaren Abstandes, also $a_0 \cdot \sqrt{3}/4$.

Beobachtungen an Elementen, die in mehreren Modifikationen kristallisieren (vgl. S. 108) und die Berücksichtigung eines großen Materials von Strukturen von Elementen und intermetallischen Verbindungen zeigen, daß die Raumbeanspruchung eines Elements auch von der Anzahl der Nachbarn abhängt. Die Wirkungsradien von Tab. 15 sind folglich mit jenen von Tab. 13 und Tab. 14 nicht völlig vergleichbar. Um von den Wirkungsradien für 8-Koordination zu jenen für 12-Koordination zu kommen, muß man sie erfahrungsgemäß um etwa 3 % vergrößern.

In Tab. 16 findet man die metallischen Wirkungsradien für die Koordinationszahl 12.

Die Wirkungsradien der Ionen.

Etwas problematischer als die Herleitung der metallischen Wirkungsradien aus den Strukturen der Elemente ist die Gewinnung der Wirkungsradien von Ionen. Zahlreiche Kristalle, wie z.B. das NaCl sind in guter Näherung aus Ionen aufgebaut, d.h. man findet im Kristall nicht etwa NaCl-Moleküle oder Na-Atome und Cl-Atome, sondern die Na-Atome haben je ein Elektron abgegeben und liegen als Na^+-Ionen vor, während die Cl-Atome je ein Elektron aufgenommen haben und Cl^--Ionen bilden. Man spricht in solchen Fällen von ionarer oder heteropolarer Bindung. Im Beispiel des NaCl hat jede der beiden Atomsorten die besonders stabile vollständige Edelgasschale in der äußersten Elektronenhülle erreicht. Die Kraftwirkung zwischen Ionen ist bei Schwerpunktabständen, die deutlich größer als die Gleichgewichtsabstände im Kristall sind, praktisch rein elektrostatisch und wird durch das Coulomb'sche Gesetz, $K = \frac{e_1 \cdot e_2}{d^2}$, beschrieben (vgl. S. 66).

Natürlich kommt jedem Ion ein gewisser Raumbedarf zu. Da sich positive und negative Ionen anziehen, wird im Steinsalz der Abstand Na—Cl = 2,82 Å die Summe der Wirkungsradien von Na^+ und Cl^- angeben. Die schwierige Frage ist nun, wie man diesen Wert auf die Einzelradien aufteilen soll.

Ein naheliegender Weg zum Auffinden einer oberen Grenze für die Radien einzelner Ionensorten liegt darin, eine Reihe von Substanzen mit gleicher Struktur zu betrachten, in welcher ein Ion konstant bleibt und das andere in einer Vertikalreihe des Periodischen Systems variiert. Die Gruppe LiF, LiCl, LiBr und LiJ ist dafür ein gutes Beispiel. Alle diese Lithiumhalogenide kristallisieren im NaCl-Typ; die Gitterkonstante steigt monoton von 4,02 Å (bei LiF) auf 6,00 Å (bei LiJ). Daraus entnimmt man, daß der Wirkungsradius von J^- beträchtlich größer als der von F^- sein muß. Im NaCl-Typ ist der nächste Halogen-Halogen-Abstand gleich $a_0 \cdot \sqrt{2}/2$ (vgl. Abb. 20), der Wirkungsradius des Halogen-Ions also maximal gleich $a_0 \cdot \sqrt{2}/4$. Aus der Gitterkonstante von LiJ ergibt sich somit als Maximalwert für den Ionenradius von J^-: $r_{J^-} = 2{,}12$ Å. Da man aus der Variation der Gitterkonstanten der Lithiumhalogenide (und auch anderer Halogenide) weiß, daß J^- das größte Halogenid-Ion ist*), und sich z.B. aus der Reihe LiF, NaF, KF, RbF und CsF, die wieder alle im NaCl-Typ kristallisieren, ergibt, daß Li^+ das kleinste Alkalimetall-Ion ist, so wird man erwarten dürfen, daß sich in LiJ die J^--Ionen wirklich „berühren". Somit ist der eben angegebene „maximale" Ionenradius mit sehr großer Wahrscheinlichkeit der wahre Wert. Sobald man nur einmal die Größe eines Ions kennt, erhält man leicht die Radien anderer Ionen: Aus Li—J = 3,00 Å und $r_{J^-} = 2{,}12$ Å folgt $r_{Li^+} = 0{,}88$ Å; weiterhin folgt aus Li—F = 2,01 Å (in LiF) für das F^--Ion: $r_{F^-} = 1{,}13$ Å usw. ...

Bei der Aufstellung eines Systems von Ionenradien wird man natürlich möglichst nicht nur von einem einzigen Grundwert ausgehen, wie dies oben geschehen ist, sondern man wird das System möglichst vielseitig und gut stützen. V. M. Goldschmidt, einer der Pioniere auf diesem Gebiet, ging von den Werten $r_{F^-} = 1{,}33$ Å

*) Vom Astat wird dabei abgesehen.

und $r_{O^{2-}} = 1{,}32$ Å aus; diese hatte J. A. Wasastjerna aus optischen Daten (auf Grund einer allerdings nicht völlig voraussetzungsfreien Theorie) erhalten. In Tab. 16 ist im wesentlichen das Goldschmidt'sche System von Ionenradien aufgenommen. Die Werte anderer Autoren unterscheiden sich von den hier angegebenen Ionenradien meist um weniger als 0,1 Å, also nicht sehr erheblich.

Aus dem geschilderten Verfahren, wie man eine Tabelle von Wirkungsradien aufstellt, ist klar, daß die Radien besonders gut zur Voraussage von Kation-Anion-Abständen geeignet sind. Man muß jedoch beachten, daß bei den Ionenradien ebenso wie bei den metallischen Radien eine kleine Abhängigkeit der Raumbeanspruchung von der Umgebung besteht. In Tab. 16 findet man die Ionenradien für die Koordinationszahl sechs. Um daraus die Radien für die Koordinationszahl vier zu erhalten, muß man sie erfahrungsgemäß um $\sim 6\%$ verkleinern; umgekehrt verlangt das Übergehen auf die Koordinationszahl acht bzw. zwölf eine Vergrößerung der Radien um $\sim 3\%$ bzw. $\sim 12\%$. — Die aus den Ionenradien berechneten minimalen Anion-Anion-Abstände werden nach dem experimentellen Befund oft deutlich unterschritten. So mißt z.B. der O-O-Abstand der gemeinsamen Oktaederkante im Rutil (TiO_2, vgl. Abb. 24) nur 2,52 Å; die Kante des SO_4^{2-}-Tetraeders hat sogar nur eine Länge von 2,42 Å. Die Summe der Wirkungsradien nach Goldschmidt würde hingegen 2,64 Å verlangen.

Wirkungsradien und Atombau.

Aus Tab. 16 sind einige Regelmäßigkeiten innerhalb des Systems der Wirkungsradien leicht zu erkennen. Zur besseren Übersicht sollen dabei zunächst nur die Elemente mit einer Ordnungszahl bis zu 57, d.h. bis zum Beginn der Lanthaniden, betrachtet werden. Man bemerkt:

1. Sowohl die metallischen Wirkungsradien wie die Ionenradien (bei gleicher Ladung) nehmen in einer Spalte des Periodischen Systems der Elemente von oben nach unten, d.h. mit steigender Ordnungszahl zu. Beispiele:
$r_{F^-} = 1{,}33$ Å $< r_{Cl^-} = 1{,}81$ Å $< r_{Br^-} = 1{,}96$ Å $<$ $< r_{J^-} = 2{,}20$ Å; oder
$r_{Li^+} = 0{,}78$ Å $< r_{Na^+} = 0{,}98$ Å $< r_{K^+} = 1{,}33$ Å $<$ $< r_{Rb^+} = 1{,}49$ Å $< r_{Cs^+} = 1{,}65$ Å. Das zeigt die Größenzunahme der Atome (Ionen) mit dem Aufbau einer weiteren Elektronenschale.

2. Bei gleicher Elektronenkonfiguration in der Hülle bewirkt ein Ansteigen der Kernladung, also eine Zunahme der positiven Ladung, eine Verkleinerung des Wirkungsradius. Beispiele:
$r_{Na^+} = 0{,}98$ Å $> r_{Mg^{2+}} = 0{,}78$ Å $> r_{Al^{3+}} =$ $= 0{,}57$ Å $> r_{Si^{4+}} = 0{,}39$ Å;
$r_{Cl^-} = 1{,}81$ Å $> r_{K^+} = 1{,}33$ Å etc.

Die Gesetzmäßigkeiten 1 und 2 werden durch die Lanthaniden gestört. Innerhalb dieser Elementgruppe wird im Periodischen System nicht die äußerste Elektronenhülle weiter ausgebaut, sondern die weiter innen liegende 4f-Schale. Diese Auffüllung ist nach dem experimentellen Befund mit einer Verringerung der Raumbeanspruchung verbunden. So sinkt z.B. der Ionenradius von La^{3+} ($r_{La^{3+}} = 1{,}12$ Å) zu Lu^{3+} ($r_{Lu^{3+}} = 0{,}91$ Å) deutlich ab. Das bewirkt, daß die auf die Lanthaniden folgenden Elemente eine sehr ähnliche Raumbeanspruchung haben wie die im Periodischen System über ihnen stehenden (mit einer um 32 niedrigeren Ordnungszahl): Hf — Zr, Ta — Nb, W — Mo. Die Verkleinerung der Raumbeanspruchung mit steigender Ordnungszahl innerhalb der Seltenen Erden nennt man nach V.M. Goldschmidt die Lanthanidenkontraktion.

Wirkungsradien für van der Waals'sche Bindung

Nicht nur in metallartigen Phasen und elektrostatisch gebundenen Kristallen stellt sich zwischen den benachbarten Partikeln ein Abstand ein, der in erster Näherung nur von den Atomarten und dem Bindungszustand (metallisch, ionogen), aber nicht von der speziellen Struktur abhängt, sondern auch in Kristallen, die aus Edelgasatomen oder chemisch abgesättigten Molekülen aufgebaut sind. Solche Kristalle werden nur durch schwache Restkräfte, die man van der Waals'sche Kräfte nennt, zusammengehalten. Entsprechend den schwachen Bindungskräften sind die Schmelzpunkte niedrig und die Wirkungsradien relativ groß. So mißt der interatomare Abstand Kr—Kr im festen Krypton, welches in der kub. Dichtestpackung kristallisiert, 4,02 Å, während der Abstand zwischen den zu Kr isoelektronischen Ionen Rb^+ und Br^- in RbBr 3,43 Å ist.

Grenzen des Begriffes der Wirkungsradien.

Durch sehr sorgfältige Röntgenbeugungsmethoden kann man die Elektronendichte (bzw. die Aufenthaltswahrscheinlichkeit für Elektronen) in sehr kleinen Volumelementen der Elementarzelle bestimmen. Dadurch erhält man unmittelbar Auskunft über die Gestalt der Strukturbestandteile. In Abb. 34 und Abb. 35 sind die Ergebnisse zweier solcher Bestimmungen dargestellt. Man sieht, daß sowohl im metallischen Aluminium wie im LiF die Atome bzw. Ionen kugelsymmetrisch gebaut sind. Es sind aber weder die Gitterbestandteile im Metall noch die Ionen im LiF homogene Kugeln, die einander berühren, sondern die Elektronendichte ist in der Nähe der Atomkerne hoch und nimmt nach außen rasch ab.

Im Aluminium, dessen metallischer Wirkungsradius 1,43 Å ist, sinkt die Elektronendichte im Abstand von 0,6 Å vom Zentrum des Atoms auf weniger als 1 % des Maximalwertes (vgl. Abb. 34); zwischen den „Atomrümpfen" gibt es relativ große Gebiete mit einer Elektronendichte von $\sim 0{,}2$ e.Å^{-3}. Einen ähnlich starken Abfall vom Zentrum der Strukturbestandteile nach außen beobachtet man bei den Ionen im Lithiumfluorid (vgl. Abb. 35). Im F^--Ion hat die Elektronendichte im

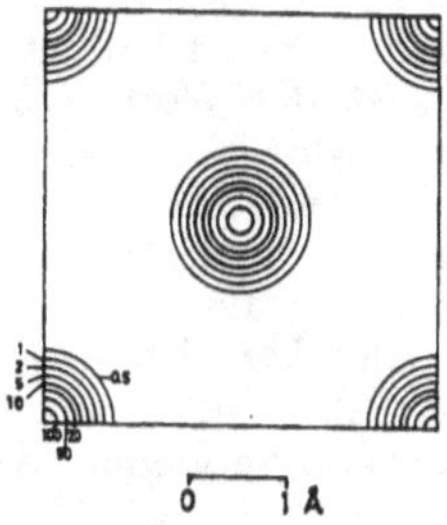

Abb. 34. Aluminium, Al$^{[12]}$k; $a_0 = 4{,}05$ Å. Schnitt durch die Elektronendichteverteilung in der Ebene *xyo*. Die Ziffern bedeuten Elektronen pro Kubikångström (e.Å^{-3}).

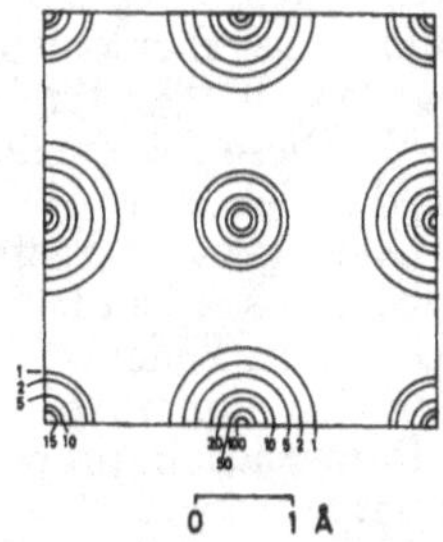

Abb. 35. Lithiumfluorid, Li$^{[6]}$F$^{[6]}$k; $a_0 = 4{,}03$ Å. Schnitt durch die Elektronendichteverteilung in *xyo*. Ziffern: e.Å^{-3}. An den Stellen der niedrigeren Maxima sitzen die Li^+, an denen der höheren die F^-.

Abstand von 0,6 Å nur mehr ca. 1 % des Maximalwertes, während nach Tab. 16 der Wirkungsradius dieses Ions 1,33 Å ist; analoges gilt für das Li^+-Ion. Zwischen den Ionen sinkt die Elektronendichte auf unter 0,15 e.Å^{-3}. Die beobachtete starke Konzentration der Elektronen in einem beträchtlich kleineren Gebiet, als dem Wirkungsradius entspricht, und die rasche Verdünnung der Elektronenwolke nach außen stehen in sehr guter Übereinstimmung zu den Ergebnissen der wellenmechanischen Theorie der Atomhülle.

Unterhalb von etwa 0,5 e.Å^{-3} (in Abb. 35 der besseren Übersichtlichkeit wegen nicht dargestellt) deutet die Elektronendichtebestimmung von LiF darauf hin, daß die Ionen im Kristall sehr leichte Abweichungen von der idealen Kugelsymmetrie zeigen. Dasselbe hat man für NaCl, CsCl und CaF_2 (für dessen Struktur siehe S. 79 und Abb. 48) gefunden.

Eine physikalische Erscheinung der Makrokristalle, welche dem Bild von sich berührenden starren Atom- bzw. Ionenkugeln widerspricht, ist die Kompressibilität. Eine Druckerhöhung von 1 kg/cm² ändert die Leardimensionen eines Kristalls — und damit die Abstände der Strukturbestandteile — in der Größenordnung von 10^{-4}%; für NaCl z.B. ist der Wert $\sim 1{,}4 \cdot 10^{-4}$%. Diese Längenänderung ist zwar klein; sie zeigt aber, daß der „normale" Abstand der Gitterbestandteile ein Gleichgewichtszustand zwischen Anziehungs- und Abstoßungskräften ist. Man kann sich die Atome bzw. Ionen durch Federkräfte in der Gleichgewichtslage gehalten denken, wobei bei kleinen Abstandsänderungen die Deformation proportional der angreifenden Kraft sein wird.

Die Einzelfedern sind dabei sehr „weich", wie man sich z.B. für NaCl leicht überlegt. Aus der Gitterkonstante $a_0 = 5{,}64$ Å folgt, daß senkrecht zu einer Würfelfläche von einem Quadratzentimeter $1{,}25 \cdot 10^{15}$ Ionenreihen, bzw. Na–Cl-Kraftfedern stehen. Einer Kraft von 1 kg/cm² entspricht also $8 \cdot 10^{-16}$ kg pro Feder — die entsprechende Längenänderung ist $\sim 1{,}4 \cdot 10^{-4}$%; eine Längenänderung von 1 % wird also schon bei einer Belastung von nur ca. 6.10^{-6} mg ($\sim 5{,}9.10^{-6}$ dyn) pro Na–Cl-Bindung erreicht.

Für einzelne Ionen, deren äußerste Elektronenhülle nicht eine voll aufgefüllte Edelgasschale ist, deutet die Geometrie der Kristallstrukturen darauf hin, daß der „Wirkungsradius" eine starke Abweichung von Kugelsymmetrie zeigt. Ein typisches Beispiel dafür ist Cu^{2+}. Im Gegensatz zu den im Periodischen System benachbarten und größenähnlichen Ionen Ni^{2+} und Zn^{2+}, welche von Fluor und Sauerstoff in der Regel oktaedrisch koordiniert werden*), beobachtet man um Cu^{2+} eine

*) Zn^{2+} zeigt oktaedrische Koordination durch Sauerstoff, wenn dieser fest an ein Radikal gebunden ist (z.B. $Zn^{[6]}[CO_3]$ rhd, $Zn^{[6]}[SO_4]$ rh); gegen Silikat-Sauerstoff ($Zn_2^{[4]}[SiO_4]$ rhd) und sonst nicht gebundenen Sauerstoff ($Zn^{[4]}O^{[4]}$h) zeigt Zink tetraedrische Koordination.

starke tetragonale Verzerrung des Koordinationsoktaeders, und zwar ganz überwiegend im Sinn einer Streckung nach einer der drei 4-zähligen Achsen. Als Beispiel möge CuF_2 dienen. Während NiF_2 und ZnF_2 im Rutil-Typ (vgl. Abb. 24) mit sechs praktisch gleichen Me—F-Abständen kristallisieren, ist die Atomanordnung in CuF_2 zwar mit der in Rutil noch verwandt; es liegt jedoch eine monokline Verzerrung vor — Cu^{2+} ist von sechs F^- in der Form einer tetragonalen Dipyramide umgeben [Cu—F = 1,93 Å (4 ×), Cu—F = 2,27 Å (2 ×)]. Zur Erklärung wird die Termaufspaltung der Elektronenhülle im elektrischen Feld des Koordinationspolyeders herangezogen: Kristallfeldtheorie.

Ein weiteres rein kristallgeometrisches Argument gegen das Bild starrer Ionenkugeln bieten die Strukturen der Chloride, Bromide und Jodide von Mg^{2+}, Fe^{2+}, Ni^{2+}, Co^{2+} und Mn^{2+}. In ihnen ist das Metall oktaedrisch von sechs Halogenionen umgeben; man könnte also erwarten, daß der Rutil-Typ auftritt. Tatsächlich enthält jedoch die Atomanordnung Schichten wie in Abb. 36. Diese Einzelschichten, z. B. $\overset{2}{\infty}Mg^{[6]}Cl_2^{[3]}$, liegen nun gestapelt übereinander, ähnlich wie die

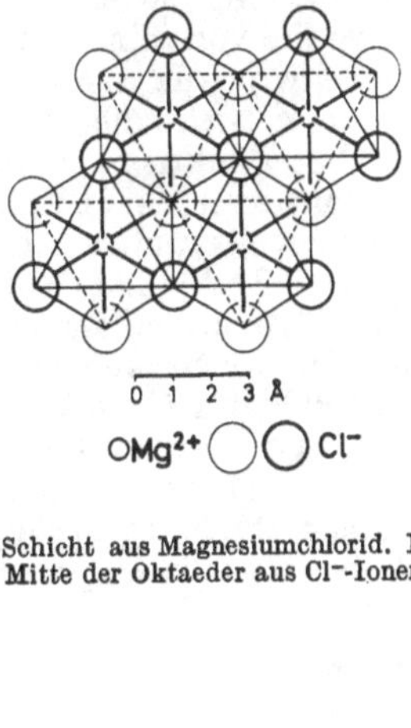

Abb. 36. $\overset{2}{\infty}Mg^{[6]}Cl_2^{[3]}$-Schicht aus Magnesiumchlorid. Die Mg^{2+}-Ionen liegen in der Mitte der Oktaeder aus Cl^--Ionen.

hexagonalen Atomschichten in der kubischen oder hexagonalen Dichtestpackung. Der wesentlichste Unterschied gegenüber dem Rutil-Typ liegt darin, daß sich in diesem die Koordinationspolyeder nach allen drei Richtungen des Raumes verknüpfen, hier jedoch nur nach zweien. Die theoretische Behandlung (vgl. S. 70ff) zeigt, daß bei elektrostatischer Bindung Schichtstrukturen nur dann energetisch stabil sind, wenn in den Anionen unter dem Einfluß eines elektrischen Feldes die Schwerpunkte der positiven und negativen Ladungen getrennt werden, wenn also Polarisation der Anionen auftritt.

Mischkristalle (1. Teil).

In enger Beziehung zu der Raumbeanspruchung der Strukturbestandteile steht die interessante Erscheinung, daß in Kristallen öfter ein und dieselbe Punktlage durch verschiedene Atom- bzw. Ionenarten ersetzt werden kann.

Als einfachstes Beispiel möge das System Silber-Gold dienen. Wie man Tab. 13 entnimmt, sind Gitterkonstanten und Wirkungsradien für beide Metalle fast gleich. Läßt man die Schmelze einer Mischung von Silber und Gold erstarren, so erhält man keineswegs nebeneinander Kristalle von reinem Ag und reinem Au, sondern einheitliche Kristalle der kubischen Dichtestpackung, in welchem sich die beiden Atomsorten statistisch über die Punktlage verteilen (Abb. 37). Solche Kristalle nennt man Mischkristalle.

Analog findet man vollständige Mischkristallbildung zwischen KCl ($a_0 = 6{,}29$ Å) und RbCl ($a_0 = 6{,}58$ Å), die beide im NaCl-Typ kristallisieren — die ähnlich großen K^+- und Rb^+-Ionen können sich gegenseitig ersetzen. Hingegen bildet KCl mit LiCl ($a_0 = 5{,}13$ Å) keine Mischkristalle in nennenswertem Umfang. Wichtig für die Fähigkeit zur Mischkristallbildung ist neben ähnlichen chemischen Bindungsverhältnissen die ungefähre Gleichheit der Raumbeanspruchung der Gitter-

Tab. 16. Die metallischen Wirku

Rechts neben dem Elementsymbol steht der me
sind die wichtigsten Ionenradien im wesentliche
radien der Ionen gelten für die Koordi

Li 1,56 1+:0,78	Be 1,13 2+:0,34						
Na 1,91 1+:0,98	Mg 1,60 2+:0,78						
K 2,34 1+:1,33	Ca 1,97 2+:1,06	Sc 1,64 3+:0,83	Ti 1,45 4+:0,64 3+:0,69	V 1,35 5+:∼0,40 3+: 0,65	Cr 1,27 6+:∼0,35 3+:∼0,64	Mn 1,32 4+:0,52 3+:0,70 2+:0,91	Fe 1,2 3+:0,67 2+:0,82
Rb 2,50 1+:1,49	Sr 2,15 2+:1,27	Y 1,80 3+:1,06	Zr 1,60 4+:0,87	Nb 1,48 5+:0,69	Mo 1,40 6+:∼0,62 4+:∼0,68	Tc 1,35 7+:∼0,55	Ru 1,3 4+:0,6
Cs 2,71 1+:1,65	Ba 2,24 2+:1,43	Lantha- niden	Hf 1,59 4+:0,84	Ta 1,48 5+:0,68	W 1,41 6+:0,62 4+:0,68	Re 1,37 6+:0,55 4+:∼0,75	Os 1,3 4+:0,67
Fr	Ra 2+:1,52	Actiniden					

Lanthaniden	La 1,87 3+:1,12	Ce 1,82 4+:1,03 3+:1,09	Pr 1,83 3+:1,07	Nd 1,82 3+:1,06	Pm	Sm 1,8 3+:1,02 2+:0,93
Actiniden	Ac 1,88 3+:1,11	Th 1,80 4+:1,10	Pa 1,61 4+:1,06	U 1,55 6+:0,83 4+:1,05	Np 1,58 4+:1,04	Pu 1,6 4+:1,02

*) Grundwerte des Systems der Wirkungsradien der Ionen (vgl. S. 57—58).

d die Wirkungsradien der Ionen

;sradius für die Koordinationszahl 12, darunter
ıchmidt'schen System angegeben. Die Wirkungs-
Stark eingerahmt: Übergangselemente.

			B	C	N	O 2—:1,32*)	F 1—:1,33*)
			Al 1,43 3+:0,57	Si 4+:0,39	P 5+:~0,35	S 6+:~0,34 2—: 1,74	Cl 7+:~0,30 1—: 1,81
i 1,24 2+:0,78	Cu 1,28 2+:~0,70	Zn 1,39 2+:0,83	Ga ~1,40 3+:0,67	Ge ~1,40 4+:0,44	As ~1,50 5+:0,46	Se 6+:~0,35 2—: 1,91	Br 7+:~0,40 1—: 1,96
d 1,37 2+:0,93	Ag 1,44 1+:1,13	Cd 1,57 2+:1,03	In 1,66 3+:0,92	Sn 1,58 4+:0,74	Sb ~1,60 5+:0,62	Te 6+:0,56 2—:2,11	J 7+:~0,50 1—: 2,20
t 1,39	Au 1,44	Hg 1,62 2+:1,12	Tl 1,73 3+:1,05 1+:1,49	Pb 1,75 4+:0,84 2+:1,32	Bi ~1,70 5+:0,74 3+:0,96	Po ~1,70 4+:~1,10	At

1,80 3+:1,00	Tb 1,78 3+:0,98	Dy 1,77 3+:0,97	Ho 1,77 3+:0,95	Er 1,76 3+:0,94	Tm 1,75 3+:0,93	Yb 1,94 3+:0,92	Lu 1,73 3+:0,91

• • •

bestandteile und nicht nur die Ähnlichkeit der Gitterkonstanten. So bilden NaCl und RbF keine Mischkristalle, obwohl beide im NaCl-Typ mit praktisch gleich großer Gitterkonstante ($a_0 = 5{,}63$ Å) kristallisieren.

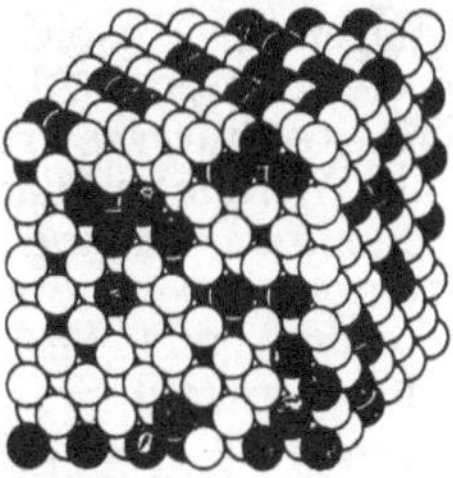

Abb. 37. Statistische Verteilung von zwei Dritteln weißer und einem Drittel schwarzer Kugeln auf die kubische Dichtestpackung.

Wie man Tab. 16 entnimmt, ist Rb^+ größer als Na^+ und F^- kleiner als Cl^-. Dadurch sind die Gitterkonstanten von NaCl und RbF trotz beträchtlich verschiedener Wirkungsradien der Ionen praktisch ident; da jedoch die Strukturbestandteile verschieden groß sind, kann es nicht zur Mischkristallbildung kommen.

In heteropolaren Kristallen spielt für die gegenseitige Ersetzbarkeit von Ionen die Ähnlichkeit der Raumbeanspruchung eine wichtigere Rolle als die Gleichheit der Ladung, soferne nur die Elektroneutralität der gesamten Atomanordnung erhalten bleibt. So kann man z.B. im MgO, welches im NaCl-Typ kristallisiert, die Mg^{2+}-Ionen durch die größenmäßig ähnlichen Li^+-Ionen ersetzen, wenn zugleich ein ebenso großer Teil durch Fe^{3+} ausgetauscht wird. Als Toleranzgrenze für die Unterschiede der Wirkungsradien bei stärkerer Mischkristallbildung kann man 10—15% ansetzen.

In der kristallchemischen Formel werden diejenigen Atom- bzw. Ionenarten, welche eine Punktlage gemeinsam besetzen, in einer runden Klammer zusammengefaßt. Für den Mischkristall zwischen Ag und Au schreiben wir folglich (Ag, Au)$^{[12]}$k, für den zwischen KCl und RbCl: (K, Rb)$^{[6]}$Cl$^{[6]}$k, und schließlich für das letzte Beispiel: (Mg^{2+}, Li^{1+}, Fe^{3+})$^{[6]}$O$^{[6]}$k.

Daß Gleichheit der chemischen Bindung für die Mischkristallbindung eine entscheidende Rolle spielt, ersieht man aus folgenden Beispielen. Gold (Au$^{[12]}$k, $a_0 = 4{,}08$ Å) und Aluminium (Al$^{[12]}$k, $a_0 = 4{,}05$ Å) bilden trotz gleichen Strukturtyps und größter Ähnlichkeit der metallischen Wirkungsradien nur auf der Au-Seite in sehr beschränktem Umfang Mischkristalle; Al nimmt praktisch kein Au in seine Struktur auf. Ebenso sind $Al_2^{[6]}O_3^{[4]}$h (Korund) und $Fe_2^{[6]}O_3^{[4]}$h (Hämatit) trotz gleichen Strukturtyps (vgl. S. 130) und recht ähnlicher Raumbeanspruchung von Al^{3+} und Fe^{3+} im festen Zustand keineswegs vollständig mischbar. Allerdings nehmen hier beide Endglieder mehrere Prozente der anderen Komponente in die Struktur auf.

III. Anwendung der Elektrostatik auf die Kristallchemie

In Kristallen mit völlig oder doch weitgehend ionarer Bindung (vgl. S. 56) bietet sich für die theoretische Behandlung das Coulomb'sche Gesetz an. Danach wirken zwei Punktladungen e_1 und e_2 mit der Kraft $K = \frac{e_1 \cdot e_2}{d^2}$ aufeinander; werden die Ladungen im CGS-System und der gegenseitige Abstand in cm gemessen, so erhält man die Kraft in dyn. Die Ionen sind zwar keine Punktladungen, sondern bestehen aus einem positiv geladenen Atomkern und einer negativ geladenen Elektronenhülle; die Elektrostatik lehrt jedoch, daß solche Gebilde wie Punktladungen behandelt werden dürfen, soferne a) die Ladungsverteilungen kugelsymmetrisch sind und b) die Gebilde nicht polarisierbar sind.

Elektrostatische Energien von Ionenkomplexen.

Zunächst soll untersucht werden, was man aus der Anwendung der Elektrostatik auf abgeschlossene Ionenkomplexe lernen kann. Als Beispiele mögen einige hochsymmetrische AB_n-Komplexe behandelt werden; A sei das Kation, B die Anionen — der Abstand A—B werde mit d bezeichnet. Tab. 17 gibt die notwendigen Formeln.

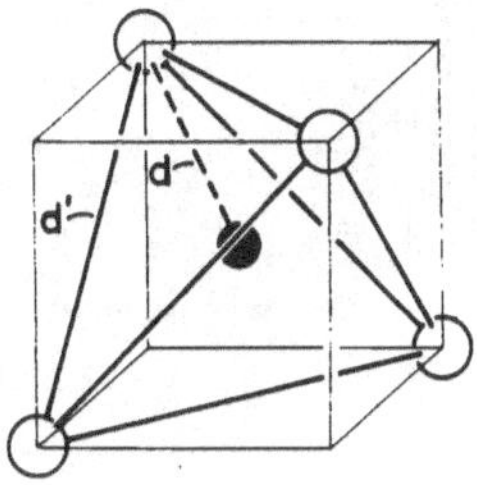

Abb. 38. Zur Ableitung der elektrostatischen Energie eines tetraedrischen Komplexes.

Die Art der Ableitung sei für die regelmäßig tetraedrische Koordination erläutert. Die Gesamtenergie setzt sich zusammen aus den vier Beiträgen der Annäherung der Anionen an das Kation auf den Abstand d und den sechs Beiträgen, die von der Annäherung der Anionen untereinander auf den Abstand d' herrühren (Abb. 38). Die Energie, die man einem System aus zwei Ionen A und B zuführen muß, um sie aus dem Unendlichen auf den Abstand d zu nähern, ist $E_c = \frac{e_A \cdot e_B}{d}$; für den tetraedrischen Komplex erhält man aus der Überlagerung der Einzelbeiträge $E_c = \frac{e_A \cdot e_B}{d} \cdot 4 + \frac{e_B \cdot e_B}{d'} \cdot 6$. Da d die halbe Raumdiagonale des gestrichelt gezeichneten Würfels und d' seine Flächen-

Tab. 17. Formeln für die Berechnung der elektrostatischen Energie hochsymmetrischer Komplexe

Typ	Koordinationsfigur	elektrostatische Energie E_c
AB_2	gestreckte Hantel	$E_c = \frac{e_A \cdot e_B}{d} \cdot 2 + \frac{e_B^2}{d} \cdot 0{,}50000$
AB_3	gleichseitiges Dreieck	$E_c = \frac{e_A \cdot e_B}{d} \cdot 3 + \frac{e_B^2}{d} \cdot 1{,}73205$
AB_4	Tetraeder	$E_c = \frac{e_A \cdot e_B}{d} \cdot 4 + \frac{e_B^2}{d} \cdot 3{,}67427$
AB_5	trig. Dipyramide	$E_c = \frac{e_A \cdot e_B}{d} \cdot 5 + \frac{e_B^2}{d} \cdot 6{,}47469$
AB_6	Oktaeder	$E_c = \frac{e_A \cdot e_B}{d} \cdot 6 + \frac{e_B^2}{d} \cdot 9{,}98530$
AB_8	Würfel	$E_c = \frac{e_A \cdot e_B}{d} \cdot 8 + \frac{e_B^2}{d} \cdot 19{,}74078$

diagonale ist, so gilt: $d' = \frac{2d}{\sqrt{3}} \cdot \sqrt{2}$. Die Komplexenergie wird damit

$$E_c = \frac{e_A \cdot e_B}{d} \cdot 4 + \frac{e^2{}_B \cdot \sqrt{3}}{d \cdot 2 \cdot \sqrt{2}} \cdot 6$$ oder nach Ausrechnen:

$$E_c = \frac{e_A \cdot e_B}{d} \cdot 4 + \frac{e^2{}_B}{d} \cdot 3{,}67427;$$ dieser Ausdruck ist in Tab. 17 aufgenommen.

In Tab. 18 sind spezielle Rechenergebnisse gebracht. Es ist durchwegs angenommen $d = 1$ Å; die Ladung von

Tab. 18. Elektrostatische Energie von AB_n-Komplexen. A–B = 1Å, $e_B = 1$ Elementarladung, Energieeinheit: $\frac{e^2}{\text{Å}}$

Ladung des Zentralions / Komplex	$e_A = 1+$	$e_A = 2+$	$e_A = 3+$	$e_A = 4+$
AB_2	— 1,500	— 3,500	— 5,500	— 7,500
AB_3	— 1,268	— 4,268	— 7,268	— 10,268
AB_4	— 0,326	— 4,326	— 8,326	— 12,326
AB_5	+ 1,475	— 3,525	— 8,525	— 13,525
AB_6	+ 3,985	— 2,015	— 8,015	— 14,015
AB_8	+ 11,741	+ 3,741	— 4,259	— 12,259

B ist immer 1— gesetzt, während diejenige von A die Werte 1+ bis 4+ annimmt. Man sieht, daß sich das Minimum der Energie, das einem Maximum der Stabilität entspricht, innerhalb einer Spalte mit konstanter Ladung von A verschiebt; während bei der Ladung $e_A = 1+$ das Minimum bei linearer 2-Koordination liegt, liegt es für $e_A = 4+$ bei 6-Koordination. — In Übereinstimmung mit diesen Berechnungen zeigt z.B. Silicium gegen Sauerstoff in fast allen Fällen tetraedrische Koordination, gegen Fluor hingegen häufig oktaedrische (z.B. $K_2^{[12]}[Si^{[6]}F_6]k$).

Elektrostatische Gitterenergien.

Im vorhergehenden Kapitel wurde gezeigt, daß die Berechnung der elektrostatischen Energie von Komplexen elementar ist. Für die Ermittlung der Energie zum Aufbau eines Kristalles aus Ionen, die ursprünglich unendlich weit voneinander entfernt waren, der elektrostatischen Gitterenergie, ist dies nicht mehr der Fall. Es existieren jedoch ausgearbeitete mathematische Methoden (vor allem durch P. P. Ewald), welche die Berechnung des Energieinhaltes einer beliebigen 3-dimensional periodischen Anordnung von Punktladungen erlauben. Man kann also die Gitterenergie in beliebig komplizierten Fällen berechnen, soferne die Behandlung der Gitterbestandteile als Punktladungen berechtigt ist; das wieder ist für die Kristalle mit ionarer Bindung in guter Annäherung erlaubt.

Für eine spezielle Struktur kann man die elektrostatische Gitterenergie pro Mol folgendermaßen schreiben:

$$E_c = N_L \cdot a \cdot \frac{Z^2 \cdot e^2}{d}$$

N_L... Loschmidt'sche Zahl $= 6{,}02 \times 10^{23}$

a .... dimensionslose Konstante, deren Wert von der Struktur abhängt: Madelung'sche Zahl

Z .... größter gemeinsamer Teiler der Ladungen der Ionen

e .... elektrisches Elementarquantum $= 4{,}803 \cdot 10^{-10}$ $(\text{cgs})_{\text{st}}$

d .... kleinster Kation-Anion-Abstand in cm

E_c ... elektrostatische Gitterenergie in erg/Mol. Zur Umrechnung auf die dem Chemiker geläufige Energieeinheit kcal/Mol muß man mit $2{,}389 \cdot 10^{-11}$ multiplizieren.

In Tab. 19 sind die Madelung'schen Zahlen für die wichtigsten Strukturen vom Typ AB angegeben. Während der NaCl- und der CsCl-Typ bereits behandelt wurden, tritt der Zinkblende-Typ hier zum ersten Mal auf. Die Zinkblende (oder Sphalerit) ist die bei Atmosphärendruck und gewöhnlicher Temperatur stabile Modifikation von ZnS; ihre Atomanordnung ist in Abb. 39 dargestellt.

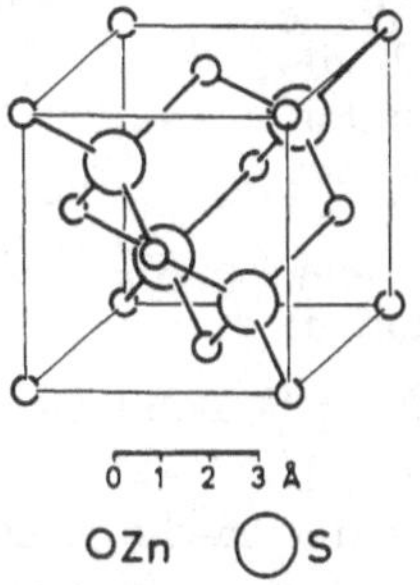

Abb. 39. Zinkblende, $Zn^{[4]}S^{[4]}k$; a_0 = 5,41 Å.

Man entnimmt Tab. 19, daß bei gleichem Kation-Anion-Abstand der CsCl-Typ der energiereichste, der

Tab. 19. Madelung'sche Zahlen für die wichtigsten Strukturtypen AB

Strukturtyp	a
Zinkblende (ZnS)	1,6381
NaCl	1,7476
CsCl	1,7627

Zinkblende-Typ hingegen der energieärmste von den dreien ist, sofern es sich um rein elektrostatisch gebundene Kristalle handelt. Unter diesen Umständen ist also immer der CsCl-Typ zu erwarten, sofern es die Größenverhältnisse der Ionen erlauben.

Aus Abb. 40 kann man leicht ableiten, daß in einem Kristallmodell mit starren Ionenkugeln vom Standpunkt der Packungsdichte eine würfelige Koordination der Anionen um die Kationen dann in „idealer“ Weise (d.h. so, daß sich die Anionen sowohl untereinander wie mit den Kationen berühren) auftreten kann, wenn der Radienquotient

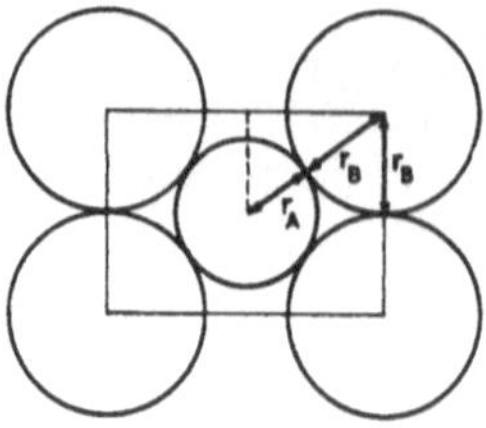

Abb. 40. Zentraler Schnitt parallel (110) durch eine würfelige Koordination (vgl. Abb. 16i).

$\frac{r_A}{r_B} = 0{,}732$ ist. Es gilt nämlich $r_A + r_B = r_B \cdot \sqrt{3}$; daraus folgt $\frac{r_A}{r_B} = \sqrt{3} - 1 \sim 0{,}732$. Analog entnimmt man Abb. 41, daß oktaedrische Koordination in idealer Weise bei $\frac{r_A}{r_B} = 0{,}414$ auftritt (wegen $r_A + r_B = r_B \cdot \sqrt{2}$ oder $\frac{r_A}{r_B} = \sqrt{2} - 1 \sim 0{,}414$) und Abb. 42, daß tetraedrische Koordination ideal bei $\frac{r_A}{r_B} = 0{,}225$ vorkommt (wegen $(r_A + r_B)/r_B = \sqrt{3}/\sqrt{2}$ oder $\frac{r_A}{r_B} = \sqrt{3/2} - 1 \sim$ $\sim 0{,}225$).

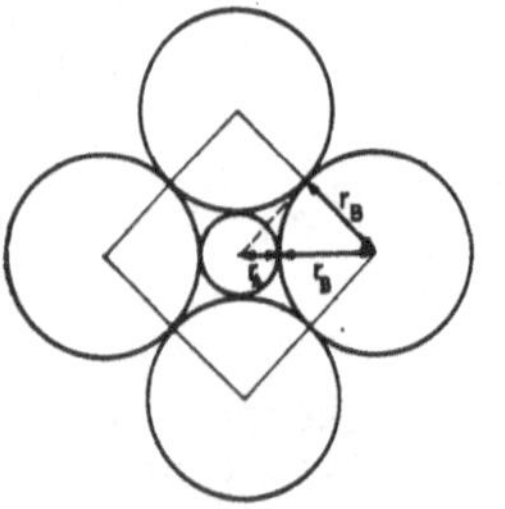

Abb. 41. Zentraler Schnitt parallel (100) durch eine oktaedrische Koordination (vgl. Abb. 16g).

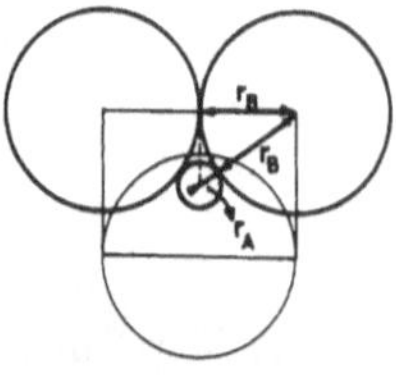

Abb. 42. Zentraler Schnitt parallel (110) durch eine tetraedrische Koordination (vgl. Abb. 16e). Der schwach gezeichnete Kreis deutet die beiden Kugeln über und unter der Schnittebene an.

In Abb. 43 ist dargestellt, wie sich die elektrostatische Gitterenergie der drei *AB*-Typen ändert, wenn der Radius des Anions konstant bleibt ($r_B = 1$) und der Radius des Kations sich kontinuierlich ändert, das Kation also gleichsam aufgeblasen wird bzw. schrumpft. Als Maß für die Gitterenergie ist $a/(r_A + r_B)$ aufgetragen. Um die stark ausgezogene, stufenförmige Linie zu verstehen, sollen die Verhältnisse — vom rechten Ende der Abszisse her beginnend — besprochen werden. Bei $r_A > 0{,}732$ ist der Radienquotient selbst für die ideale würfelige Koordination zu groß; die Anionen sind durch die Kationen am gegenseitigen Berühren gehindert. Das gilt natürlich nicht nur für die würfelige Umgebung, sondern ebenso und noch ausgeprägter für die oktaedrische und tetraedrische. Da jedoch die energetischen Verhältnisse beim 8-koordinierten CsCl-Typ am günstigsten sind, ist dieser die elektrostatisch stabile Anordnung (dicke Linie). Bei Unterschreitung des Wertes $r_A = 0{,}732$ kann bei Annahme starrer Ionenkugeln keine weitere Vergrößerung der Gitterenergie erzielt werden, weil die sich berührenden Anionen eine Verkleinerung von $r_A + r_B$ nicht mehr erlauben. Es berührt das Kation nicht mehr die Anionen sondern „schwebt" nach diesem Modell an seinem Platz. Die Gitterenergie behält nun denselben Wert wie bei $r_A = 0{,}732$ bis die Horizontale die Kurve für den NaCl-Typ trifft. Nun kann die Umwandlung in diesen Typ eintreten und mit weiter abnehmenden r_A steigt die Gitterenergie. Bei $r_A = 0{,}414$ beginnt ein analoger Schritt, der dann zum ZnS-Typ führt. Man hat dem-

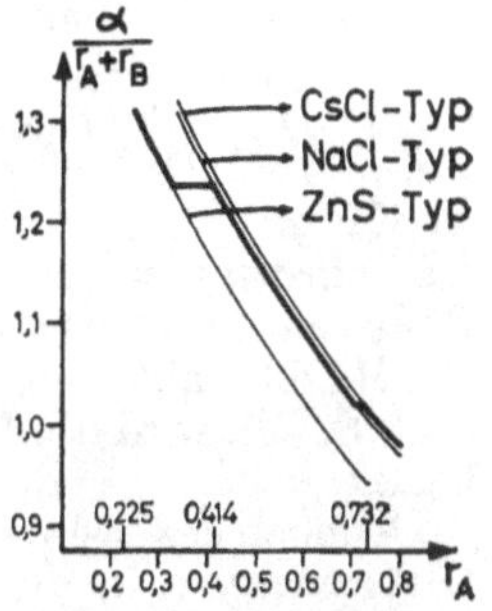

Abb. 43. Verlauf der elektrostatischen Gitterenergie beim CsCl-, NaCl- und Zinkblende-Typ als Funktion des Kation-Anion-Abstandes.

nach den NaCl-Typ für $0{,}32 < r_A/r_B < 0{,}72$ zu erwarten; darunter sollte der ZnS-Typ auftreten, darüber der CsCl-Typ. Zur Prüfung mögen die Alkalihalogenide herangezogen werden. Entsprechend der theoretischen Erwartung tritt der ZnS-Typ nicht auf, da selbst für LiJ (kleinstes Alkaliion — größtes Halogenidion!) der Radienquotient $r_A/r_B = 0{,}35$ ist. Sehr häufig wird jedoch $r_A/r_B = 0{,}72$ überschritten, ohne daß der Übergang vom NaCl- zum CsCl-Typ erfolgt; einer der vielen Fälle ist KF mit $r_A/r_B = 1{,}0$. Es kann also von einer guten Übereinstimmung zwischen Theorie und Erfahrung keine Rede sein. Auch wenn man fordert, daß ein Kation nicht im Mittelpunkt einer Anionenlücke „schweben" kann (vgl. S. 73), wird die Übereinstimmung nicht wesentlich besser.

Dennoch erweisen sich Berechnungen elektrostatischer Gitterenergien in der Kristallchemie öfter als nützlich, wie an zwei Beispielen gezeigt werden soll.

1. Abb. 44 zeigt den Verlauf der rein elektrostatischen Gitterenergie von Rutil, $Ti^{[6]}O_2{}^{[3]}t$. Dabei ist vorausgesetzt, daß die TiO-Abstände alle 1,959 Å sein sollen, was dem Mittelwert des experimentellen Befundes entspricht (vgl. S. 44). Für die O—O-Abstände sollen

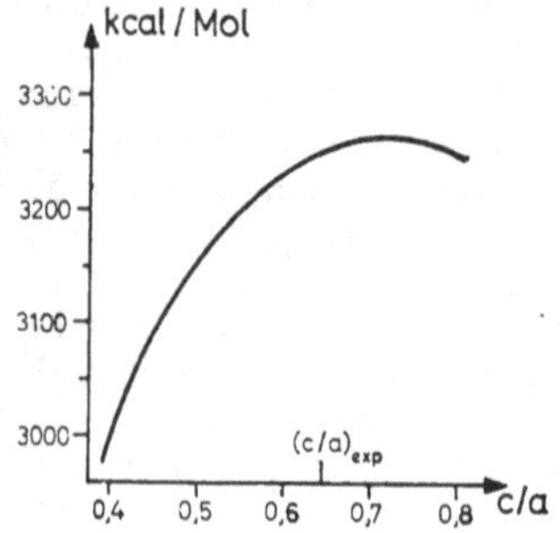

Abb. 44. Elektrostatische Gitterenergie von Rutil als Funktion des Achsenverhältnisses.

zunächst keine einschränkenden Annahmen gemacht werden. Dann ist eine kontinuierliche Deformation der Struktur möglich, wobei sich das Achsenverhältnis ändert (vgl. Abb. 45). Bilden die Sauerstoffionen um die Titanionen ideale Oktaeder, so muß $c_0/a_0 = 0{,}586$ sein; der beobachtete Wert ist $c_0/a_0 = 0{,}644$, also beträchtlich größer. Abb. 43 zeigt, daß die elektrostatischen Kräfte auf eine Vergrößerung des Achsenverhältnisses drängen, und zwar sogar über $c_0/a_0 = 0{,}644$ hinaus. Die Berechnung gibt also die richtige Tendenz der Abweichung der Struktur von einer mit geometrisch ideal oktaedrischer Umgebung. Offenbar hindern aber sterische Effekte die Annäherung der Sauerstoffe unter einen bestimmten Wert, so daß sich aus diesem Grund das für die optimale elektrostatische Gitterenergie notwendige Achsenverhältnis nicht einstellen kann.

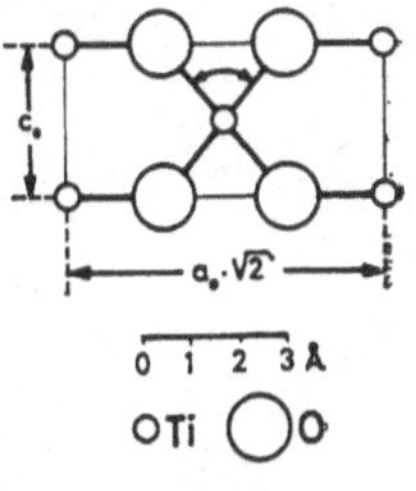

Abb. 45. Zentraler Schnitt parallel (110) durch die Elementarzelle von Rutil. Eine Änderung des eingezeichneten Winkels bewirkt eine Änderung des Achsenverhältnisses.

2. Als weiteres Beispiel sei die Atomanordnung von NiAs betrachtet (vgl. S. 46). Es möge wieder der kleinste Abstand zweier verschiedenartiger Gitterbestandteile konstant auf den experimentell bestimmten Wert (Ni—As = 2,43 Å) gehalten werden; sonst sei unter Erhaltung der Symmetrie eine Deformation der Struktur erlaubt. Man kommt damit analog wie im vorigen Beispiel zu einer Verzerrung unter Änderung des Achsenverhältnisses. In Abb. 46 ist die unter diesen Annahmen berechnete elektrostatische Gitterenergie als Funktion von c_0/a_0 aufgetragen; für die Ladungen von Ni und As ist willkürlich 2+ bzw. 2— angenommen worden. Man entnimmt der Abbildung, daß der NiAs-Typ (bei gleichem Minimalabstand verschiedenartiger Strukturbestandteile) unabhängig vom Achsenverhältnis

immer energetisch ungünstiger ist als der NaCl-Typ und daß die elektrostatischen Kräfte danach streben, das Achsenverhältnis über den „geometrischen Idealwert“ von $c_0/a_0 = 1{,}633$ hinaus zu vergrößern. Da das NiAs

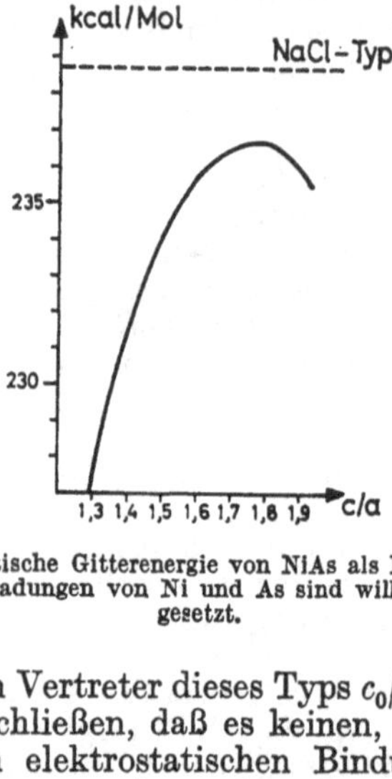

Abb. 46. Elektrostatische Gitterenergie von NiAs als Funktion des Achsenverhältnisses. Die Ladungen von Ni und As sind willkürlich 2+ bzw. 2— gesetzt.

wie die meisten Vertreter dieses Typs $c_0/a_0 < 1{,}633$ hat, so muß man schließen, daß es keinen, bzw. nur einen relativ kleinen elektrostatischen Bindungsanteil hat; tatsächlich ist es auch nach seinen physikalischen Eigenschaften (opak, deutliche elektrische Leitfähigkeit!) keine ionare Verbindung.

Die nicht-Coulomb'schen Abstoßungskräfte zwischen Ionen.

Kugelsymmetrische Ionen wirken zwar in größerem Abstand wie Punktladungen aufeinander. Sie nähern sich aber erfahrungsgemäß auch bei verschiedener Ladung nicht auf beliebig kleine Abstände, sondern es stellt sich ein Minimalabstand ein. In der einfachsten Theorie versucht man dem gerecht zu werden, indem man den Ionen einen starren Wirkungsradius zuordnet. Es wurde bereits wiederholt darauf hingewiesen, daß dieses Bild sehr grob ist. Eine gewisse Verfeinerung erhält man, indem man die Ionen nicht als starre, sondern als elastisch komprimierbare Kugeln behandelt.

Abb. 47 entnimmt man, welche Forderungen ein empirisches Kraftgesetz zwischen Ionen zu erfüllen

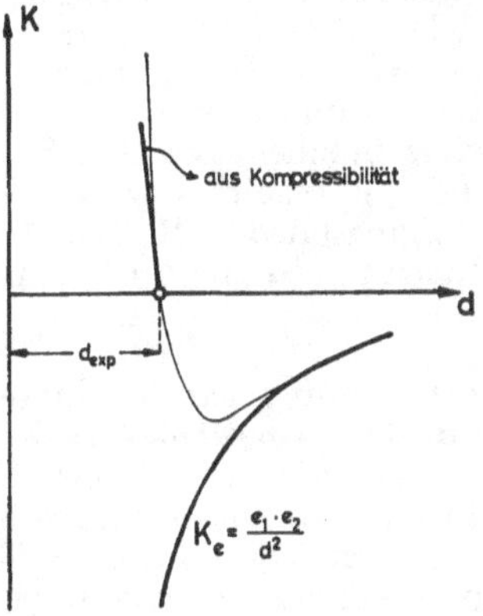

Abb. 47. Kraftgesetz zwischen ungleichnamig geladenen Ionen. K_e ist die elektrostatische Anziehungskraft; die dünn gezeichnete Kurve berücksichtigt das Abstoßungsglied.

hat: 1. Bei großem interionaren Abstand (etwa ab dem doppelten Wert des experimentellen Gleichgewichtsabstandes) müssen die Ionen praktisch nach dem Coulombschen Gesetz aufeinander wirken. 2. Der experimentelle interionare Abstand muß sich als Gleichgewichtsabstand ergeben. 3. Die „Federkonstante“ muß richtig wiedergegeben werden.

Diese drei Forderungen bestimmen das Kraftgesetz keineswegs eindeutig. Eine häufig gewählte mathematische Formulierung, mit welcher man durch geeignete Wahl der Konstanten dem experimentellen Befund gerecht werden kann, ist:

$$K = \frac{e_1 \cdot e_2}{d^2} + c \cdot d^{-n}.$$

Der erste Teil des Ausdruckes ist das Coulomb'sche Gesetz, der zweite das sogenannte Abstoßungsglied. In letzterem sind c und n Konstanten; n ist von der Größenordnung 10. — Eine andere Möglichkeit des Ansatzes für ein empirisches Kraftgesetz besteht darin, daß man als erstes Glied wieder das Coulomb'sche Gesetz benützt, als Abstoßungsglied jedoch einen Ausdruck der Form $a \cdot e^{-b \cdot d}$ (a und b: Konstanten).

Damit verläßt man also die Beschreibung des Raumbedarfes der Ionen durch eine einzige Größe (Wirkungsradius) und geht zu zwei Parametern über, von denen einer in einem gewissen Sinn die Größe und der andere die „Starrheit" angibt. Verwendet man für das Abstoßungsglied z. B. den Ausdruck $c \cdot d^{-n}$, so sind die Ionen um so „härter" je größer n ist.

Die Pauling'schen Regeln.

L. Pauling hat im Jahre 1929 einige Aufbauregeln für stabile heteropolare Kristallstrukturen aufgestellt, welche zugleich Regeln für elektrostatisch günstige Ionenanordnungen beinhalten. Sie lauten:

1. Um jedes Kation bildet sich ein Koordinationspolyeder aus Anionen, wobei der Kation-Anion-Abstand durch die Radiensumme und die Koordinationszahl um das Kation durch den Radienquotienten bestimmt werden.

2. In einer Koordinationsstruktur ist die Gesamtstärke der Bindungen, welche ein Anion von allen benachbarten Kationen erreichen, gleich der Ladung dieses Anions.

3. Gemeinsame Kanten oder gar Flächen zwischen zwei Koordinationspolyedern verringern in Koordinationsstrukturen die Stabilität; dieser Effekt ist groß für Kationen hoher Ladung und kleiner Koordinationszahl und er ist besonders groß, wenn sich der Radienquotient der unteren Stabilitätsgrenze des Polyeders nähert.

4. In einem Kristall, der verschiedene Kationen enthält, streben jene mit hoher Ladung und kleiner Koor-

dinationszahl danach, keine Elemente der Koordinationspolyeder gemeinsam zu haben.

5. Die Anzahl der wesentlich verschiedenen Arten von Bausteinen in einem Kristall strebt danach, klein zu sein („Sparsamkeitsregel").

Die Regeln verlangen einige Erläuterungen:

Zu 1. Es werden starre Ionenkugeln angenommen und es wird Berührungskontakt zwischen einem Kation und den koordinierenden Anionen verlangt. Die Kationen dürfen also nicht in Hohlräumen von sich berührenden Anionen „schweben". Jedes Kation soll von möglichst vielen Anionen berührt werden.

Zu 2. Unter der „Stärke einer Bindung", die von einem Kation zu den koordinierenden Anionen geht, versteht man die Ladung des Kations dividiert durch die Anzahl der Nachbarn. Beispiele: a) Im $Na^{[6]}Cl^{[6]}k$ ist jedes Na^+ von sechs Cl^- umgeben; die Bindungsstärke ist folglich $^1/_6$. Umgekehrt ist jedes Cl^- von sechs Na^+-Nachbarn umgeben, so daß $6 \times {}^1/_6 = 1$ Bindungsstärke auf das Ion auftrifft, was seiner Ladung entspricht. b) Im Flußspat, $Ca^{[8]}F_2^{[4]}k$ (Abb. 48) ist die Bindungsstärke,

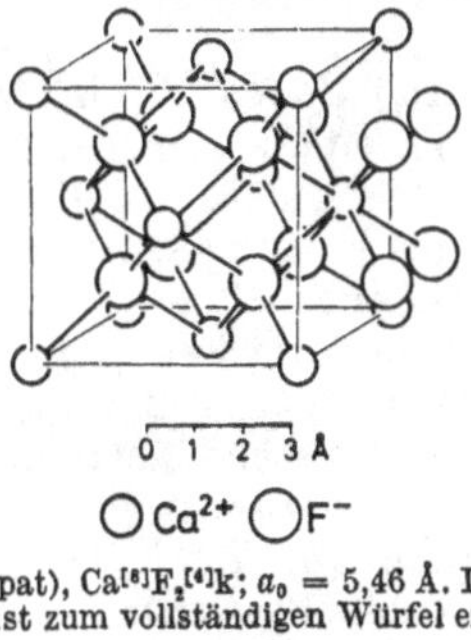

Abb. 48. Fluorit (Flußspat), $Ca^{[8]}F_2^{[4]}k$; $a_0 = 5{,}46$ Å. Die Koordination um ein Ca^{2+} ist zum vollständigen Würfel ergänzt.

welche vom Ca^{2+} ausgeht, $^2/_8 = {}^1/_4$; an jedem Fluor kommen vier solcher Bindungsstärken an, was 1, die Ladung des Fluorions, ergibt. Die bisherigen Beispiele waren trival, ein etwas komplizierteres soll folgen. c) Die Struktur von $K^{[12]}Mg^{[6]}F_3^{[4\,K+2\,Mg]}k$ ist in Abb. 49 dargestellt. Es ist ein Vertreter des weit verbreiteten Perowskit-Typs. (Manche hierher gehörigen Verbindungen sind streng kubisch, andere — wie der namengebende Perowskit, $CaTiO_3$ — sind leicht zu niedrigerer

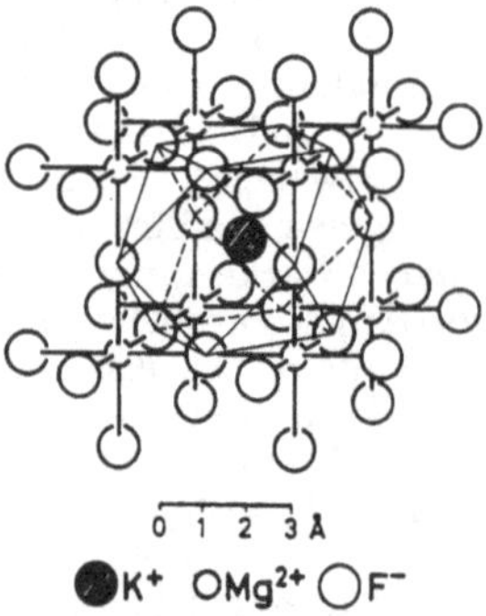

Abb. 49. $K^{[12]}Mg^{[6]}F_3^{[2\,Mg+4\,K]}k$; $a_0 = 3{,}98$ Å. Das kuboktaedrische Koordinationspolyeder um K^+ ist schwach gezeichnet. (Etwas idealisiert.)

Symmetrie verzerrt.) Jedes K^+ ist von 12 F^- in der Form eines Kuboktaeders umgeben; die von K^+ ausgehende Bindungsstärke ist folglich $^1/_{12}$. Die Mg^{2+}-Ionen sind von sechs F^- umgeben; von ihnen geht folglich die Bindungsstärke $^2/_6 = {}^1/_3$ aus. An jedem F^- kommen vier Bindungsstärken der Kalium und zwei der Magnesium an: $4 \times {}^1/_{12} + 2 \times {}^1/_3 = 1$.

Zu 3. Diese Regel macht Aussagen über die Verknüpfung von Koordinationspolyedern. Die Verknüpfung ist bei hoher Ladung der Kationen vor allem über Ecken möglich, schlechter über Kanten und noch schlechter über Flächen, da sich dadurch die Kationen nahe kommen. In Übereinstimmung mit dieser Regel verknüpfen sich z.B. $[BeF_4]^{2-}$-Tetraeder nur über Ecken und die $[SiO_4]^{4-}$-Tetraeder der Silikate (mit Ausnahme einer instabilen SiO_2-Modifikation) ebenfalls nur über Ecken.

Zu 4. Den Inhalt dieser Regel kann man sich z.B. an der Struktur von $KMgF_3$ (Abb. 49) klarmachen. Die Magnesiumionen mit der Ladung 2+ und der Koordinationszahl 6 haben möglichst wenige Elemente der Koordinationspolyeder gemeinsam, nämlich nur Ecken, während die F^--Kuboktaeder um die Kaliumionen sogar Flächen untereinander gemeinsam haben — und damit selbstverständlich ferner auch Kanten und Ecken.

Zu 5. Diese Regel ist von geringerer Bedeutung als die vorausgehenden. Sie sei am Beispiel des Forsterits, $Mg_2^{[6]}[Si^{[4]}O_4]$rh, dem Mg-Endglied der Olivingruppe, illustriert. Er enthält pro Formeleinheit zwei kristallographisch ungleichwertige Mg^{2+}-Ionen; das eine besetzt ein Symmetriezentrum, das andere ist in einer Symmetrieebene lokalisiert. An Sauerstofflagen gibt es sogar drei ungleichwertige; eine allgemeiner Lage und zweimal die Besetzung der Lage auf Symmetrieebenen. Es haben aber beide Arten von Mg^{2+}-Ionen oktaedrische Koordination durch sechs Sauerstoffe (wenn auch mit im Detail unterschiedlicher Verzerrung) und alle drei Arten von Sauerstoffen sind von zwei Mg^{2+} und einem Silicium koordiniert.

IV. Kristalle mit kovalenter Bindung

In beträchtlichem Gegensatz zur Bindung in typisch ionaren Kristallen (etwa dem NaF), die aus positiv und negativ geladenen Partikeln aufgebaut sind, muß die chemische Bindung in den Kristallen stehen, welche nur eine Atomsorte enthalten. Man hat keine Hinweise dafür — und es wäre auch schwer einzusehen —, daß etwa im Diamant oder im Kupfer die eine Hälfte der Atome positiv und die andere negativ geladen ist. Obwohl aber weder im Diamant noch im Kupfer die klassischen elektrostatischen Kräfte den Zusammenhalt bewirken, sind die beiden Stoffe physikalisch außerordentlich verschieden: Diamant ist extrem hart, durchsichtig und ein guter Isolator, Kupfer hingegen ist relativ weich, undurchsichtig und ein sehr guter Leiter für Elektrizität und Wärme.

Elektronenpaar-Bindung. Hybridisierung. σ- und π-Bindung.

Der Diamant (Abb. 17, S. 42) ist ein typischer Vertreter für k o v a l e n t e oder h o m ö o p o l a r e B i n d u n g. Für diese ist charakteristisch, daß die Elektronendichte auf der Verbindungslinie zwischen zwei benachbarten Strukturbestandteilen nicht auf den Wert von praktisch Null (wie bei der elektrostatischen Bindung) absinkt, sondern einen zwar kleinen, aber in günstigen Fällen durchaus meßbaren Wert behält (Abb. 50). Hingegen

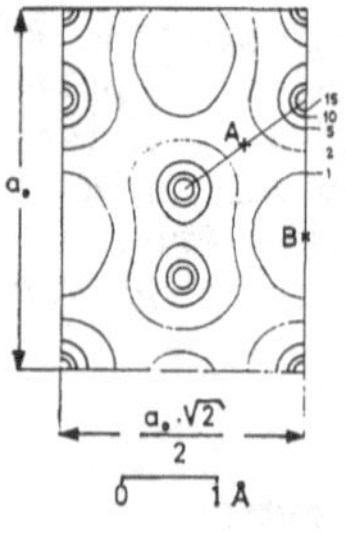

Abb. 50. Elektronendichte in Diamant. Projektion parallel [110]; die Ziffern bedeuten e. Å^{-2}. Die Gerade durch *A* gibt eine *C*-*C*-Bindung parallel zur Ze chenebene an. Die Elektronendichte beträgt in *A* 1,8e.Å^{-2}, in *B*, der Stelle mit dem minimalen Wert, hingegen weniger als 0,5 e.Å^{-2}.

sinkt sie an Stellen der Struktur, die nicht auf diesen Verbindungslinien liegen, auf praktisch Null ab. Offenbar gehört ein Teil der Elektronen nicht nur einem einzigen Atom an, sondern zugleich zwei benachbarten. Hierin liegt ein grundsätzlicher Unterschied zu den typisch ionaren Kristallen und den Kristallen der Edelgase, in welchen jedes Elektron immer nur zu einem einzigen Ion bzw. Atom gehört.

An der kovalenten oder homöopolaren Bindung nehmen nur die Elektronen der äußersten Schale der

Elemente teil. Im Diamant z.B. werden die Kerne der Kohlenstoffatome wie in freien C-Atomen zunächst von zwei (ls)-Elektronen (vgl. Tab. 2) umgeben. Die äußeren vier Elektronen [im freien Atom zwei (2s)- und zwei (3p)-Elektronen] können nun aber nicht einem speziellen Atom zugeordnet werden; sie bewirken die chemische Bindung und jedes gehört in gewisser Hinsicht zwei Atomen an. Außerdem tritt eine „Umgruppierung" dieser vier Elektronen gegenüber dem freien Atom ein, so daß nach den vier Ecken eines Tetraeders eine gleichartige Elektronenverteilung und eine gleichartige Kraftwirkung entsteht; man spricht dann von einem (sp^3)-Hybrid.

Die kovalente Bindung erfolgt in vielen Fällen so, daß man die Elektronenzahl des im Periodischen System folgenden Edelgases erhält, wenn man die Bindungselektronen jedem der beteiligten Atome zuzählt. Im Diamant etwa stellt jedes Atom vier Elektronen zur Ausbildung von vier Bindungen zur Verfügung — für jede Bindung also eines. In gleicher Weise trägt zur selben Bindung das Nachbaratom ein Elektron bei. Jede Bindung umfaßt also zwei Elektronen, man spricht von einer Elektronenpaar-Bindung. Um jedes C-Atom hat man also vier Elektronenpaare. Zählt man diese alle zu einem Atom, so hat der Kohlenstoff neben seinen beiden (ls)-Elektronen formal noch acht weitere in der äußersten Schale und entspricht somit dem Edelgas Neon.

Als Konsequenz ergibt sich die (8—n)-Regel: In einem Element mit kovalenter Bindung ist die Anzahl der nächsten Nachbarn eines Atoms gleich (8—n), worin n die Anzahl der Elektronen in der äußersten Schale bedeutet. Die Regel ist für die Elemente, die nicht zu den Übergangselementen gehören und vier oder mehr Außenelektronen besitzen, häufig erfüllt. Man erwartet danach z.B. für C, Si, Ge, Sn und Pb (8—4) = 4 Nachbarn. Tatsächlich finden wir im Diamant-Typ diese Nachbarschaftsverhältnisse. Vertreter dieses Typs sind charakteristischerweise neben dem Diamant selbst die Elemente Si und Ge, sowie das Sn in seiner „grauen" Modifikation. Von den (maximal) fünfwertigen Elementen N, P, As, Sb und Bi tritt zwar der Stickstoff als N_2-Moleküle auf, Phosphor hingegen bildet entsprechend der Erwartung nach der (8—n)-Regel als „weißer Phosphor" $[P_4^{[3]}]$-Moleküle (Abb. 51) und als „schwarzer Phosphor" $^2_\infty P^{[3]}$rh-Schichten. Arsen tritt als Schichtstruktur $^2_\infty As^{[3]}$rhd auf (Abb. 52); geht man in der Spalte des

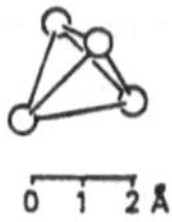

Abb. 51. $[P_4]$-Molekül.

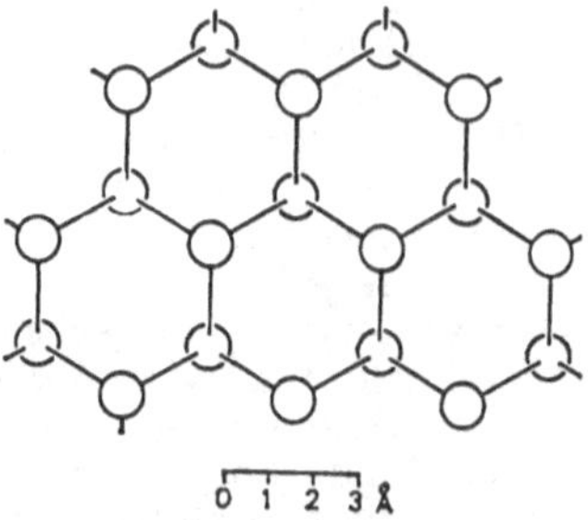

Abb. 52. $^2_\infty As^{[3]}$-Schicht. Die obere und die untere Atomschicht unterscheiden sich in der Höhe um 1,25 Å.

Periodischen Systems weiter zu Sb und Bi, so sieht man, daß diese Elemente zwar zum As-Typ gehören; der Schichtcharakter der Strukturen nimmt jedoch mit wachsender Ordnungszahl ab (siehe Tab. 20). Sowohl bei

Tab. 20. Vergleich der Elemente des As-Typs

d_1: Me–Me-Abstände innerhalb der Schichten (jeweils drei, vgl. Abb. 52); d_2: kleinste Me–Me-Abstände zwischen verschiedenen Schichten.

Element	d_1(Å)	d_2(Å)	$\Delta = d_2 - d_1$
As	2,51	3,15	0,64
Sb	2,87	3,37	0,50
Bi	3,10	3,47	0,37

den Phosphor-Modifikationen als auch beim As-Typ ist die 3-Koordination ausgeprägt einseitig. Von den Elementen der 6. Spalte tritt der Sauerstoff üblicherweise als O_2-Moleküle auf, was nicht der (8—n)-Regel entspricht. Aber S, Se und Te gehorchen im festen Zustand der Regel und haben (8—6) = 2 Nachbarn. Es können dabei Ringe auftreten — z.B. S_8-Ringe (Abb. 53) im

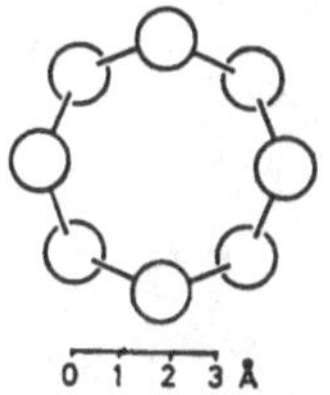

Abb. 53. $[S_8]$-Ring. Die oberen und unteren Atome unterscheiden sich in der Höhe um 0,73 Å.

rhombischen Schwefel —, aber auch unbegrenzte Ketten wie z.B. im „metallischen Selen" (vgl. Abb. 19). Die Bindungen sind immer gewinkelt. — Die Halogenide bilden entsprechend der Regel auch im festen Zustand Moleküle, z.B. Cl_2.

Zwei nahe Verwandte des Diamant-Typs treten bei Verbindungen AB auf, in denen das Atom A 1 bis 3 Reihen links und das Atom B entsprechend 1 bis 3 Reihen rechts von der Spalte des Kohlenstoffs im Periodischen System steht; die durchschnittliche Zahl der Außenelektronen ist damit wieder vier. Davon wurde die Geometrie des Zinkblende-Typs bereits kurz auf S. 71 erwähnt (vgl. auch Abb. 38). Man kann ihn aus dem Diamant-Typ dadurch ableiten, daß man je die Hälfte der Kohlenstoff-Atome durch die Atomsorten A und B so ersetzt, daß sie sich gegenseitig tetraedrisch koordinieren. Die Symmetrie der Kristallklasse wird dadurch von m3m auf $\bar{4}3m$ erniedrigt; die kristallchemische Formel ist $A^{[4]}B^{[4]}k$. In enger Beziehung zum Zinkblende-Typ steht ein Strukturtyp AB, in welchem sich die beiden Atomsorten gegenseitig wieder tetraedrisch koordi-

Die Kristalle, deren Zusammenhalt durch kovalente Elektronenpaar-Bindung zu erklären ist, beschränken sich natürlich keineswegs auf Elemente und AB-Verbindungen. Ein etwas komplizierteres anorganisches Beispiel liefert z.B. das As_2O_3. Die Strukturbestimmung hat gezeigt, daß in der kubischen Modifikation dieses Stoffes gut erkennbare, abgeschlossene As_4O_6-Moleküle (siehe Abb. 55) vorliegen; darin ist jedes As pyramidal von drei Sauerstoffen umgeben, jeder Sauerstoff gewinkelt von zwei As.

Weit verbreitet ist die Elektronenpaar-Bindung bei den Kristallen organischer Verbindungen, und zwar überall dort, wo die klassische organische Chemie eine Einfachbindung annahm; also z.B. bei den aliphatischen Verbindungen. Methan, CH_4, ist ein typisches Beispiel. Es ist in allen drei Aggregatzuständen aus Molekülen aufgebaut, in denen vier Wasserstoff-Atome ein Kohlenstoff-Atom tetraedrisch umgeben. Ebenso ist etwa in den C_2H_6-Molekülen des Äthans jeder Kohlenstoff tetraedrisch koordiniert. Allerdings sind hier nur drei Ecken der Koordinationsfigur von H-Atomen besetzt (C—H = 1,07 Å), die vierte nimmt das andere C-Atom des Moleküls ein (C—C = 1,54 Å). Der C—C-Abstand im Äthan ist also so groß wie im Diamant; denselben Wert findet man überall dort, wo die klassische Chemie eine einfache C—C-Bindung angenommen hat. Solche Bindungen setzen Verdrehungen um ihre Achse keinen Widerstand entgegen, die Elektronendichteverteilung ist um die C—C-Verbindungslinie rotationssymmetrisch. Man nennt eine solche Bindung meist σ-(sprich: Sigma-)Bindung.

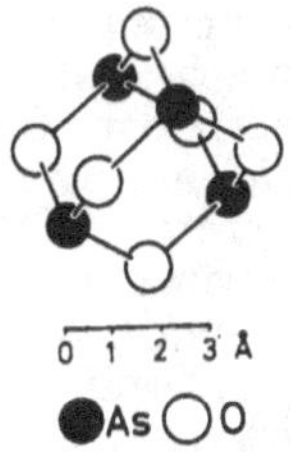

Abb. 55. $[As_4^{[3]}O_6^{[2]}]$-Molekül.

Bekanntlich gibt es jedoch auch zahlreiche organische Verbindungen, in denen die klassische Chemie Doppel- oder Dreifachbindungen annehmen muß, um mit dem

Konzept der Vierwertigkeit des Kohlenstoffs in Übereinstimmung zu bleiben. Die einfachsten Beispiele sind die ungesättigten Kohlenwasserstoffe Äthylen (C_2H_4, $H_2C{=}CH_2$) und Acetylen (C_2H_2, $HC{\equiv}CH$). Die Strukturbestimmungen an Substanzen mit solchen Bindungen haben gezeigt, daß die C—C-Doppelbindung 1.34 Å und die C—C-Dreifachbindung 1,20 Å lang ist.

Die wellenmechanische Deutung der Bindung in Äthylen kann folgendermaßen erfolgen. Zunächst werde aus der Konfiguration der äußeren Elektronen im freien C-Atom $[(2s)^2(2p)^2]$ ein (2s)-Elektron in das noch freie dritte (2p)-Orbital gehoben. Dann ist zwischen dem restlichen (2s)-Elektron und zwei (2p)-Elektronen eine Umgruppierung zu einem (sp^2)-Hybrid möglich, in welchem die Orbitale und damit die Bindungsrichtungen nach den Ecken eines mit dem C-Atom koplanaren gleichseitigen Dreiecks zeigen. Zwei der „Lappen" werden zur Bindung der H-Atome beteiligt, der dritte bewirkt eine Einfach- oder σ-Bindung zwischen den beiden C-Atomen des Moleküls. Die Achse des dritten (2p)-Orbitals steht senkrecht auf der Ebene des (sp^2)-Hybrids. Durch Überlappung dieser Orbitale von den beiden C-Atomen kommt es zu einer zusätzlichen Bin-

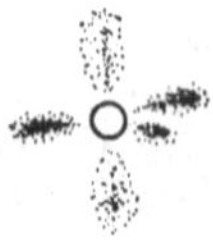

Abb. 56. Atom mit vier Außenelektronen, wovon drei einen sp^2-Hybrid bilden und eines das p_z-Orbital besetzt (schematisch).

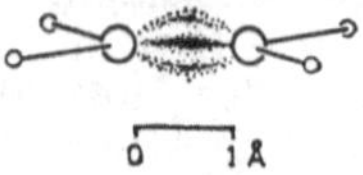

Abb. 57. Bindungszustand zwischen den *C*-Atomen in Äthylen unter Hervorhebung des σ-Bindungsanteiles und des π-Bindungsanteiles, der durch Überlappung der p_z-Orbitale entstanden gedacht ist (schematisch).

dung (π-Bindung, sprich: Pi-Bindung); diese ist nicht frei drehbar wie die σ-Bindung. Zur Erläuterung dienen Abb. 56 und Abb. 57. — Eine andere Interpretation, die besonders L. Pauling vertritt, besteht in der

Vorstellung, daß auch im Äthylen vom C-Atom aus die Orbitale zunächst nach den Ecken eines Tetraeders gerichtet sind, daß es aber zu Verbiegungen in der Doppelbindung kommt (Abb. 58). Im wesentlichen handelt es sich um zwei Beschreibungen des tatsächlichen realen Bindungszustandes. Die Deutung der Dreifachbindung im Acetylen und in komplizierteren organischen Verbindungen mit einer C—C-Dreifachbindung kann nach denselben Prinzipien wie beim Äthylen erfolgen.

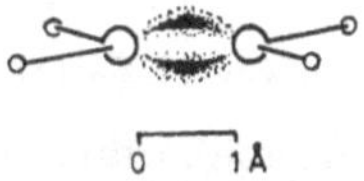

Abb. 58. Bindungszustand zwischen den C-Atomen in Äthylen in der Interpretation als zwei „verbogene" Elektronpaar-Bindungen.

Für das Benzol, C_6H_6, nahm schon die klassische Chemie an, daß die C-Atome ringförmig angeordnet sind; die Deutung der Bindung machte jedoch große Schwierigkeiten. Heute weiß man, daß das Molekül in allen drei Aggregatzuständen 6-zählige Symmetrie (6/m mm — D_{6h}) besitzt und daß alle sechs C—C-Abstände im Ring 1,39 Å lang sind. Dieser Abstand liegt zwischen den Werten für eine Einfach- und eine Doppelbindung zwischen Kohlenstoff-Atomen. Man hat im Benzol um die C-Atome eine andere Elektronenkonfiguration anzunehmen als im Diamant und den Kohlenwasserstoffen mit nur Einfachbindungen. Während man es dort mit einem (sp^3)-Hybrid zu tun hatte (siehe S. 83), ist man hier wegen der planaren Umgebung durch zwei C- und einem H-Atom zur Annahme eines (sp^2)-Hybrids genötigt (vgl. die Ausführungen bei Äthylen, S. 88). Zwei Lappen des (sp^2)-Hybrids bewirken den Hauptteil der Bindung im C_6-Ring. Die auf der Ebene des (sp^2)-Hybrids senkrecht stehenden Orbitale der vierten Elektronen der C-Atome verursachen durch Überlappung einen zusätzlichen π-Bindungsanteil.

Ähnliche C—C-Abstände wie im Benzol findet man in kondensierten aromatischen Kohlenwasserstoffen wie Naphtalin ($C_{10}H_8$) oder Anthracen ($C_{14}H_{10}$). In Abb. 59 und 60 sind für Naphtalin und Anthracen die

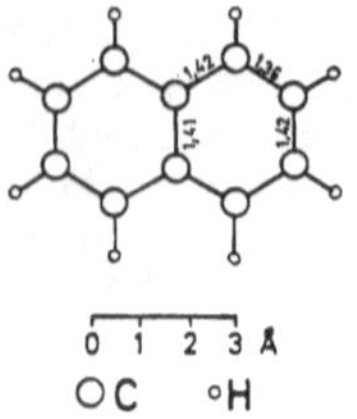

Abb. 59. Naphtalin-Molekül.

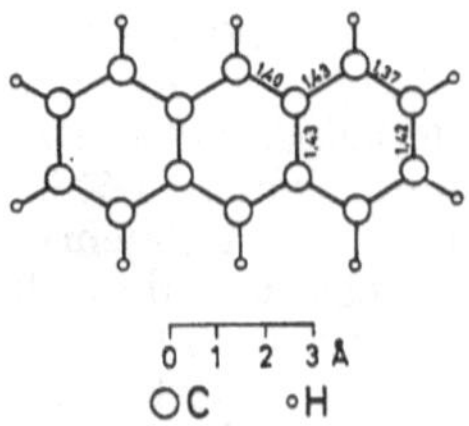

Abb. 60. Anthracen-Molekül.

Atomanordnungen im Molekül dargestellt, in Abb. 61 die Anordnung der Moleküle im Naphtalin-Kristall. Die $^{2}_{\infty}C^{[3]}$-Schichten in Graphit (Abb. 18) stellen die zwei-

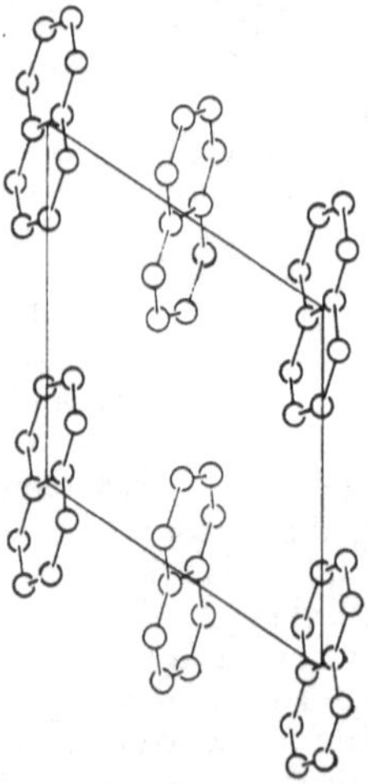

Abb. 61. Naphtalin, $[C_{10}H_8]m$; $a_0 = 8{,}66$ Å, $b_0 = 6{,}00$ Å, $c_0 = 8{,}24$ Å, $\beta = 123°$. Projektion parallel [010]. Die Schwerpunkte der stark und der schwach gezeichneten Moleküle unterscheiden sich in der Höhe um $b_0/2 = 3{,}00$ Å. Zur besseren Übersicht sind die H-Atome weggelassen.

dimensional unbeschränkte Grenzform der Kondensation von Benzolringen dar; der C—C-Abstand mißt hier 1,42 Å.

Bei niedrigmolekularen organischen Verbindungen hat die Strukturforschung mit Beugungsmethoden meist die auf klassisch chemischem Wege erschlossene Vorstellung über den Bau des Moleküls bestätigt. Dabei wurde unsere Kenntnis jedoch wesentlich vertieft, da nun auch die interatomaren Abstände und die Bindungswinkel mit großer Genauigkeit bekannt sind. Bei komplizierten Verbindungen wird die Kristallstrukturbestimmung rasch ein immer wichtigeres Mittel der Konstitutionsermittlung; ein bekanntes Beispiel dafür stellt das Vitamin B_{12} dar. Selbst von einigen der extrem hochmolekularen Eiweiße kennt man heute durch die röntgenographische Strukturbestimmung die Atom-

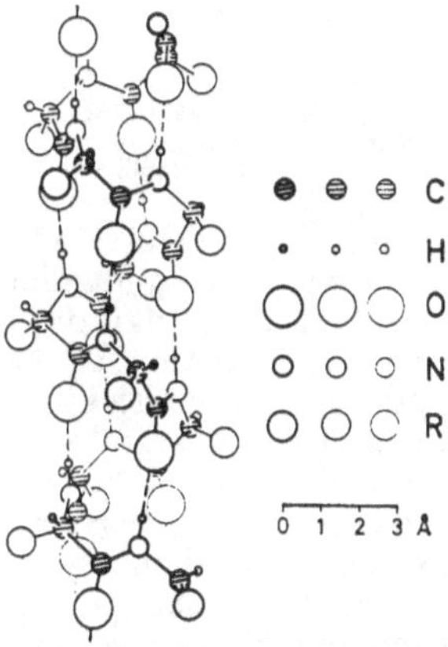

Abb. 62. α-Helix der Proteine, eine Linksschraube bildend. R bedeutet ein Radikal, z.B. $—CH_3$, $—CH_2OH$, $—CH_2—CH_2—CH_3$ und viele andere.

anordnung in vielen wesentlichen Zügen. Eine wichtige Rolle spielt darin eine durch Wasserstoffbrücken (vgl. S.126) stabilisierte schraubige Anordnung der Protein-Ketten, die man α-Helix nennt (Abb. 62).

Elektronendefiziente Strukturen.

Waren die bisher besprochenen Kristalle mit kovalenter Bindung prinzipiell vom Standpunkt der Elektronenpaar-Bindung zu verstehen (wenn auch unter Zulassung von Mehrfachbindungen und π-Bindungsanteilen), so kann man dies bei anderen zweifelsfrei kovalent gebundenen Substanzen auf keinen Fall. Die klarsten Beispiele dafür sind die Borhydride wie B_2H_6, B_4H_{10}, B_5H_9 und $B_{10}H_{14}$. Von den genannten Beispielen bildet nur $B_{10}H_{14}$ unter normalen Temperatur-Druck-Bedingungen Kristalle; B_2H_6 und B_4H_{10} sind Gase, B_5H_5 ist eine Flüssigkeit. Am einfachsten gebaut ist das B_2H_6; sein Molekül ist in Abb. 63 dargestellt. Besonders

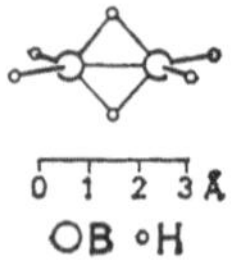

Abb. 63. $[B_2H_6]$-Molekül. Die unter gewöhnlichen Temperatur-Druck-Bedingungen festen Borwasserstoffe enthalten kompliziertere Moleküle.

auffällig ist, daß ein Teil der Wasserstoffatome in gleichen Abständen an zwei Boratome gebunden ist. Man kann sich leicht davon überzeugen, daß die beiden B-Atome (3 Elektronen in der äußeren Hülle) und die sechs H-Atome nicht genügend viele Elektronen besitzen, um acht Elektronenpaar-Bindungen bilden zu können. Deshalb nennt man die Substanz elektronendefizient.

Unter den Elementen ist ein Vertreter mit zumindest überwiegend kovalenter Bindung und Elektronendefizienz das Bor. In der strukturell gut bekannten tetragonalen Modifikation haben von den 50 Atomen in der Elementarzelle 48 eine 6-Koordination (die aber nicht oktaedrisch ist!) und zwei eine tetraedrische 4-Koordination. Die 6-koordinierten B-Atome sitzen an den Ecken eines leicht verzerrten Ikosaeders (vgl. Abb. 16 l; das Zentrum des Ikosaeders ist nicht besetzt!), haben also davon fünf Nachbarn — der sechste ist für einen Teil der Atome ein Bor von einem anderen Ikosaeder, für einen anderen das 4-koordinierte Bor. Die drei Außenelektronen jedes B-Atoms genügen nicht, um durchgehende Elektronenpaar-Bindung zu ermöglichen.

Kovalente Bindung zwischen Metallatomen.

Kovalente Bindung kann bisweilen auch zwischen Atomen der metallischen Elemente auftreten. Dabei soll an dieser Stelle nicht an die Möglichkeit der Interpretation der chemischen Bindung in Metallen durch Resonanz kovalenter Bindungen gedacht werden (vgl. S. 113), sondern an Fälle, in denen der Bindungscharakter ziemlich klar erkennbar ist.

Ein seit langem bekanntes Beispiel stellen die Quecksilber(I)-Salze dar, in denen $[Hg_2]^{2+}$-Hanteln mit einem Hg—Hg-Abstand von $\sim$ 2,5 Å auftreten. Metall-Metall-Bindungen findet man auch sonst gelegentlich in Verbindungen von Metallen in niedrigen Wertigkeitsstufen, z.B. im kristallisierten Molybdän (II) chlorid, $MoCl_2$, in welchem sechs Mo-Atome an den Ecken eines Oktaeders mit Kantenlänge $\sim$ 2,6 Å sitzen (gegenüber Mo—Mo = 2,72 Å im metallischen Molybdän, vgl. Tab. 15), die nur nach außen hin an Cl gebunden sind; Analoge, allerdings untereinander verknüpfte „Metall"-Oktaeder enthält das NbO (Abb. 64); hier ist der Nb—

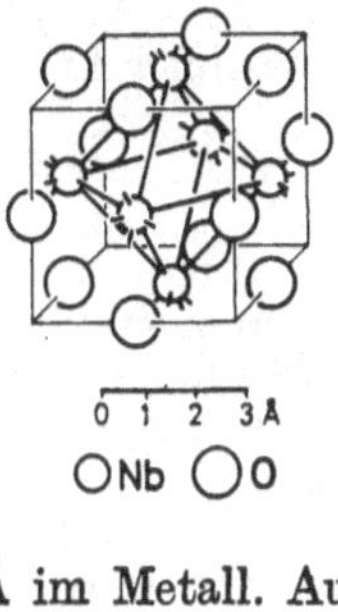

Abb. 64.
Niob(II)-oxid, $Nb^{[4O+8Nb]}O$ *k*; a_0 = 4,21 Å. Die wahrscheinlichen Metall-Metall-Bindungen sind stark eingezeichnet.

Nb-Abstand 2,98 Å gegenüber 2,85 Å im Metall. Auch in einer Reihe von Carbonylen und metallorganischen

Komplexen [z.B. in $Mo_2(CO)_6(C_5H_5)_2$] wurden durch die Strukturuntersuchung Metall-Metall-Bindungen nachgewiesen.

V. Kristalle mit metallischer Bindung

Zu den Elementen, die zu wenige Außenelektronen haben, als daß sie in ihren Kristallstrukturen durchgehende Elektronenpaar-Bindungen bilden könnten, zählen in typischer Weise die Alkalimetalle (Li, Na, K, Rb, Cs) und die Erdalkalimetalle (Be, Mg, Ca, Sr, Ba); erstere haben ein, letztere zwei Elektronen in der äußersten Schale. Die Koordinationen in diesen Elementen gehorchen nicht der (8—n)-Regel, nach welcher man in den Alkalimetallen sieben und in den Erdalkalimetallen sechs nächste Nachbarn zu erwarten hätte. Tatsächlich kristallisieren die Alkalimetalle sowie das Barium unter gewöhnlichen Temperatur- und Druckverhältnissen mit (8 + 6)-Koordination, nämlich im W-Typ (vgl. Abb. 23 und Tab. 15), die anderen Erdalkalimetalle mit 12-Koordination, und zwar Be und Mg in der hexagonalen Dichtestpackung (vgl. Abb. 32 und Tab. 14), Ca und Sr in der kubischen Dichtestpackung (vgl. Abb. 22 und Tab. 13).

Die Metalle unterscheiden sich im festen (und natürlich zugleich kristallinen Zustand) charakteristisch vom Prototyp der Elemente mit Elektronenpaar-Bindung, dem Diamant. Im Gegensatz zu diesem sind sie sehr gute Leiter für Elektrizität und Wärme; ferner sind sie opak, d.h. sie sind für sichtbares Licht selbst in dünnen Schichten praktisch undurchlässig. Diese Eigenschaften kommen allen Metallen zu und stehen in engstem Zusammenhang damit, daß in diesen Stoffen die Außenelektronen leicht beweglich und verschiebbar sind; mit einer gewissen Berechtigung kann in diesem Zusammenhang von einem Elektronengas zwischen den Atomrümpfen gesprochen werden.

Elektronen in Metallen.

Der Vergleich der Elektronen in einem Metall mit einem gewöhnlichen Gas ist allerdings ein sehr grobes Bild. Zunächst muß man berücksichtigen, daß jedem bewegten Elektron eine Wellenlänge $\lambda = \frac{h}{m \cdot v}$ zukommt. In diesem Ausdruck ist h das Planck'sche Wirkungsquantum ($h = 6{,}625 \cdot 10^{-27}$ erg · sec), m ist die Masse des Elektrons ($m = 9{,}11 \cdot 10^{-28}$ g); setzt man die Geschwindigkeit v in cm · sec^{-1} ein, so erhält man die Wellenlänge λ, welche dem Elektron zukommt, in Zentimetern. Da die Elektronen eine Wellenlänge haben, werden sie in der 3-dimensional periodischen Anordnung eines Kristalls ähnlich wie die Röntgenstrahlen gebeugt, und das führt dazu, daß es in einer Struktur für jede räumliche Richtung bestimmte Geschwindigkeiten gibt, mit der sich die Elektronen nicht bewegen können.

Ein weiterer wesentlicher Unterschied zwischen einem gewöhnlichen Gas und den Elektronen in Kristallen ergibt sich aus der Anwendung der Quantentheorie auf die erlaubten Energiezustände. Während in einem Gas unter Anwendung der Gesetze der klassischen Mechanik mit Annäherung an den absoluten Nullpunkt die mittlere Energie der Moleküle unbegrenzt abnimmt, stellt sich hier auch beim absoluten Nullpunkt ein durchaus endlicher Wert für die mittlere Energie der Elektronen ein. Er hängt vom Molvolumen und der Anzahl der freien Elektronen pro Atom ab. Für Kalium (mit einem freien Elektron pro Atom) erhält man z.B. für 0^0K als mittlere Energie eines Elektrons E $\sim 1{,}25$eV $\sim 2 \cdot 10^{-12}$ erg, oder 29 kcal/Mol.

Kristallstrukturen metallischer Elemente.

Die meisten Elemente, welche man nach ihren physikalischen und chemischen Eigenschaften als Metalle bezeichnet, kristallisieren in einem der Strukturtypen des Kupfers (Abb. 22, Tab. 13), des Magnesiums

(Abb. 32, Tab. 14) oder des Wolframs (Abb. 23, Tab. 15). Nur wenige Metalle haben eine andere Atomanordnung; die wichtigsten von ihnen sind Zinn, Mangan und Uran.

Im metallischen „weißen" Zinn findet man im Gegensatz zum „grauen" Zinn, welches im Diamant-Typ kristallisiert (vgl. Abb. 17 und S. 83), keine tetraedrische 4-Koordination, sondern eine 6-Koordination (Abb. 65), wobei vier Abstände 3,02 Å und zwei Ab-

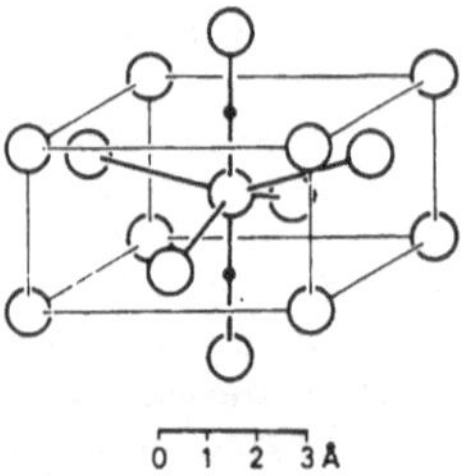

Abb. 65. „Weißes" Zinn, $Sn^{[4+2]}t$; $a_0 = 5{,}82$ Å, $c_0 = 3{,}17$ Å. Um eines der Atome sind die sechs nächsten Nachbarn hervorgehoben.

stände 3,17 Å messen. Geometrisch kann man den Strukturtyp aus dem des Diamanten dadurch ableiten, daß man diese Atomanordnung in Richtung einer der drei 4-zähligen Achsen auf 39 % des ursprünglichen Wertes komprimiert. Dadurch wird die tetraedrische Koordination stark abgeflacht und zwei weitere Atome kommen ähnlich nahe — die Gesamtsymmetrie erniedrigt sich auf tetragonal.

Mangan besitzt mehrere Umwandlungspunkte. Die bei Zimmertemperatur (bis 727° C) stabile α-Modifikation ist kubisch mit einer ziemlich großen Gitterkonstante ($a_0 = 8{,}89$ Å); die Elementarzelle enthält 58 Atome. Besonders charakteristisch ist für die Atomanordnung, daß die Koordinationsverhältnisse keineswegs für alle Atome gleich sind. Die Struktur enthält vier kristallographisch verschiedene Mn-Arten, für welche auch die Nachbarschaftsverhältnisse unterschiedlich sind. Auch das β-Mn, dessen Stabilitätsbereich an den des α-Mn nach höheren Temperaturen zu anschließt, hat eine komplizierte kubische Struktur. Erst bei Temperaturen über 1095° C wird die Atomanordnung einfach.

Auch das Uran tritt (wie andere Actinide) in mehreren Modifikationen auf. Davon ist das bei gewöhnlicher Temperatur stabile α-Uran relativ einfach aufgebaut. Es besteht eine gewisse Beziehung zur hexagonalen Dichtestpackung; durch eine kräftige Verzerrung gliedern sich jedoch die dort gleichen 12 nächsten Abstände in vier Gruppen auf: U—U = 2,76 Å (2 ×), 2,85 Å (2 ×), 3,27 Å (4 ×) und 3,36 Å (4 ×); unter Betonung der vier nächsten Abstände lautet die kristallchemische Formel: $\overset{2}{\infty}\,U^{[4]}rh$ (vgl. Abb. 66).

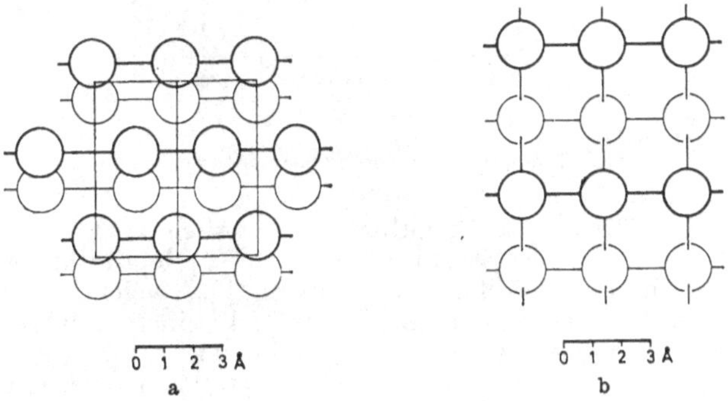

Abb. 66. α-Uran, $\overset{2}{\infty}\,U^{[4+8]}rh$: $a_0 = 4{,}96$ Å, $b_0 = 5{,}87$ Å, $c_0 = 2{,}85$ Å. a) Projektion parallel [100]; die stark und die schwach gezeichneten Atome unterscheiden sich in der Höhe um $a_0/2 = 2{,}48$ Å. b) Eine der $\overset{2}{\infty}\,U^{[4]}$-Schichten parallel [010] projiziert; die stark und die schwach gezeichneten Atome unterscheiden sich in der Höhe um 1,20 Å.

Intermetallische Phasen.

Metalle können miteinander nicht nur Mischkristalle bilden, wie das für das System Silber-Gold bereits auf S. 64 erwähnt wurde, sondern es können bei bestimmten Atomverhältnissen auch neue Strukturen auftreten.

Als besonders einfaches Beispiel diene dafür zunächst das System Magnesium-Zinn (Abb. 67). Die beiden Metalle kristallisieren in verschiedener Atomanordnung (vgl. Abb. 32 für Mg und Abb. 86 für Sn). Es ist weder

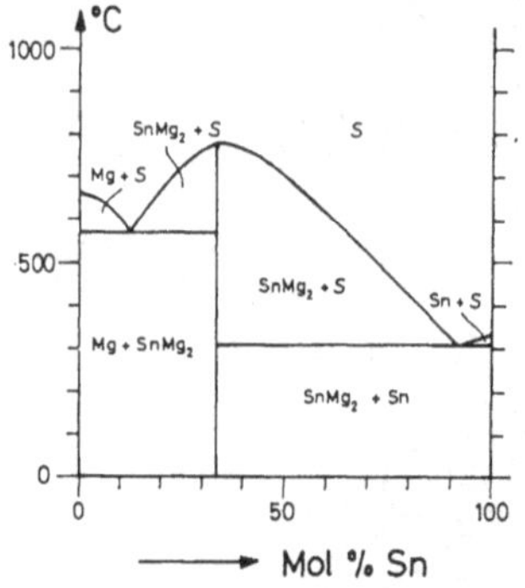

Abb. 67. Zustandsdiagramm Mg-Sn (etwas schematisch).

Mg merklich in der Struktur von Sn löslich, noch umgekehrt Sn in der Struktur von Mg. Die Metalle bilden jedoch eine Verbindung $Sn^{[8]}Mg_2{}^{[4]}k$, welche dem CaF_2-Typ (Abb. 48) zugehört und einen höheren Schmelzpunkt als die reinen Metalle hat.

Etwas komplizierter ist das System Magnesium-Kupfer (Abb. 68). Neben einer gewissen Löslichkeit von Mg in Cu treten hier zwei intermetallische Verbindungen auf: $MgCu_2$ und Mg_2Cu. Die erste wurde bereits auf S. 47 besprochen (vgl. auch Abb. 27); Mg_2Cu hat eine noch kompliziertere Struktur mit 16 Formeleinheiten in der rhombischen Elementarzelle.

Recht komplex ist z.B. das System Kupfer-Zink (Abb. 69). Kupfer vermag ohne Änderung der Struktur bis fast 40 Mol% Zink als Ersatz für Cu aufzunehmen, Zink jedoch nur sehr wenig Kupfer. Bei einer Zusammensetzung von $\sim$CuZn tritt bei höheren Temperaturen der W-Typ (Abb. 23) mit statistischer Besetzung der Punktlage durch Cu und Zn auf, also (Cu, Zn)[8+4]k („β-Phase"). Bei Zimmertemperatur hat man in der thermodynamisch stabilen Atomanordnung zwar im Prinzip noch den W-Typ; die Cu- und Zn-Atome sind

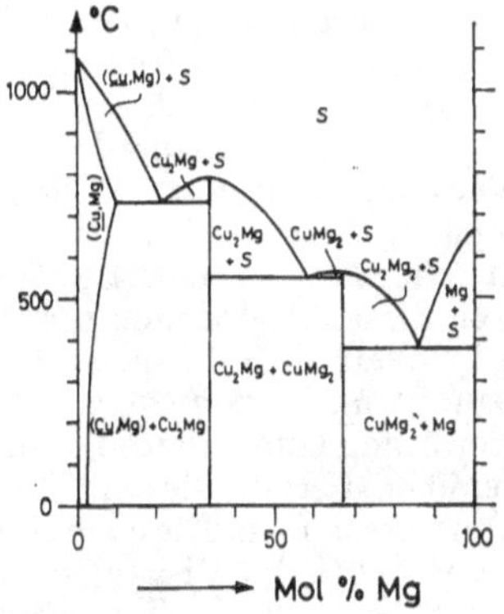

Abb. 68. Zustandsdiagramm Cu-Mg (etwas schematisch).

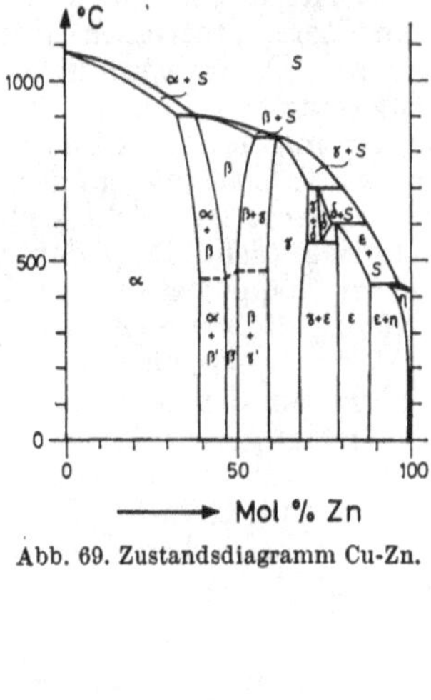

Abb. 69. Zustandsdiagramm Cu-Zn.

nun jedoch regelmäßig so verteilt, daß eine gegenseitige 8-Koordination entsteht: Cu[8]Zn[8]k („β'-Phase"). Damit ist aus dem W-Typ der CsCl-Typ entstanden (vgl. Abb. 21). Bei tiefen Temperaturen wandelt sich die Phase weiter um, was hier jedoch vernachlässigt werden soll. Zwischen ~ 60—70 Atom% Zn tritt die „γ-Phase" auf, der man die Formel Cu_5Zn_8 geben kann (ihr entsprechen $61^1/_2$ Atom% Zn). Es handelt sich um eine kubische Struktur mit $a_0 = 8{,}85$ Å und 52 Atomen in der Elementarzelle. Die Atomanordnung steht in geometrischer Verwandtschaft zum W-Typ. Greift man aus diesem eine kubische Zelle mit verdreifachter Gitterkonstante heraus, so enthält diese 54 Atome. Nimmt man aus dieser Anordnung die Atome auf 000 und $\frac{1}{2}\,\frac{1}{2}\,\frac{1}{2}$ (der großen Zelle) weg, so kommt man im wesentlichen zur Struktur von Cu_5Zn_8. In der tatsächlichen Atomanordnung sind allerdings die Strukturbestandteile gegenüber diesen „idealen" Lagen um einige wenige Zehntel Å verschoben. Die chemische Zusammensetzung zeigt eine deutliche Phasenbreite. — Sehen wir von dem nur bei höheren Temperaturen stabilen „δ-Messing" ab, so tritt die nächst Zn-reichere Phase von ~ 78 bis ~ 87 Atom% Zn auf. In dieser „ε-Phase" sind Cu- und Zn-Atome statistisch über die Atomanordnung der hex. Dichtestpackung verteilt (vgl. Abb. 32). Die Struktur von Zink selbst („η-Phase") ist zwar analog zu derjenigen der „ε-Phase"; das Achsenverhältnis c_0/a_0 ist jedoch viel größer, nämlich 1.85 gegenüber 1.63 in der hex. Dichtestpackung. Damit haben die Zn-Atome nicht 12 gleich weit entfernte Nachbarn, sondern diejenigen in der Ebene parallel (00.1) messen 2,66 Å, die anderen sechs jedoch 2,90 Å. Das Zink nimmt nur etwa vier Atom% Cu in seine Struktur auf und ist von der „ε-Phase" durch ein deutliches Zweiphasengebiet getrennt.

Interessante und gut untersuchte Erscheinungen findet man im System Gold-Kupfer. Beide Metalle kristallisieren in der kubischen Dichtestpackung; die

Gitterkonstanten unterscheiden sich um mehr als 10% (Tab. 13). Über 450°C bilden Au und Cu im festen Zustand in jedem Atomverhältnis thermodynamisch stabile Mischkristalle, nicht jedoch z.B. bei Zimmertemperatur. — Kühlt man etwa einen Mischkristall mit 25 Atom% Au und 75 Atom% Cu unter 400°C ab, so tritt nach und nach Ordnung in der vorher statistischen Atomverteilung ein, und zwar in Richtung auf eine voll geordnete Struktur Cu_3Au wie sie in Abb. 70 dargestellt

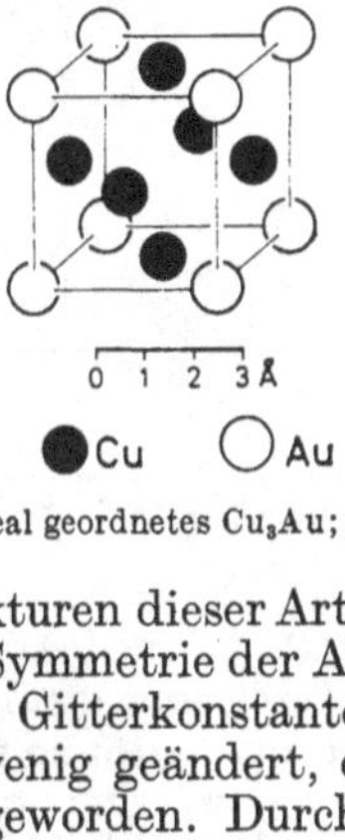

Abb. 70. Ideal geordnetes Cu_3Au; $a_0 = 3{,}74$ Å.

ist. Man nennt Strukturen dieser Art Überstrukturen. Im Beispiel ist die Symmetrie der Atomanordnung noch immer kubisch; die Gitterkonstante ist gegenüber dem Mischkristall nur wenig geändert, die Raumgruppe ist aber eine andere geworden. Durch rasches Abkühlen kann man die Unordnung in einem Mischkristall mit 25 Atom% Au und 75 Atom% Cu auch bei Zimmertemperatur erhalten. Solche eingefrorene Mischkristalle, die thermodynamisch instabil sind, haben andere physikalische Eigenschaften als die geordneten Phasen. Im behandelten Beispiel ist z.B. der elektrische Widerstand eines Mischkristalles mit eingefrorener Unordnung mehr als doppelt so groß als der des geordneten Cu_3Au.

Eine andere Art der Ordnung tritt ein, wenn man ungeordnete Mischkristalle mit Gold und Kupfer im Molverhältnis 1:1 langsam abkühlt. Es bilden sich dann

„atomare Schichten“ parallel zu einer der Würfelflächen (Abb. 71). Dadurch wird die Symmetrie der Überstruktur auf tetragonal erniedrigt.

Als letztes Beispiel für Strukturen von metallischen Phasen sollen jene besprochen werden, welche auf der Fe-reichen Seite des Systems Eisen-Kohlenstoff auftreten (Abb. 72).

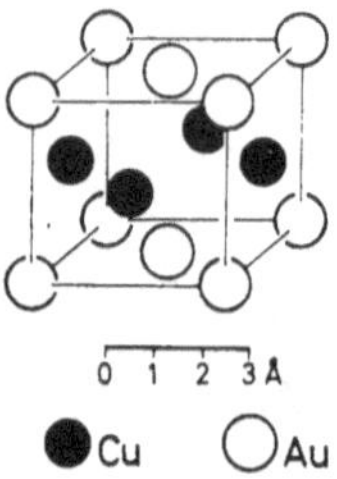

Abb. 71. Ideal geordnetes CuAu; $a_0 = 3{,}96$ Å, $c_0 = 3{,}65$ Å.

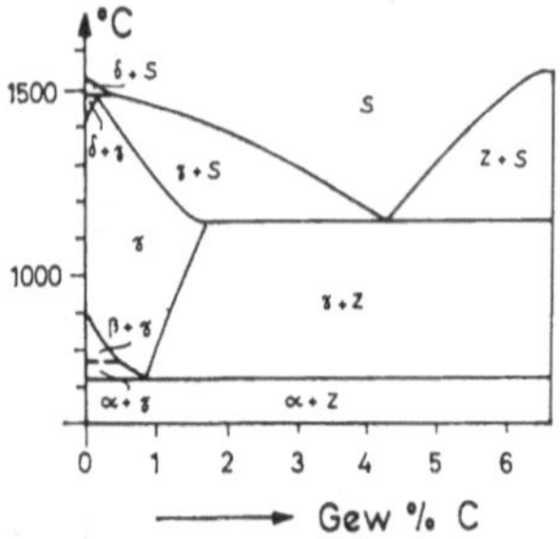

Abb. 72. Zustandsdiagramm Eisen-Zementit.

Das reine Eisen tritt in zwei Atomanordnungen auf:

1. Im W-Typ („kubisch innenzentriert“*), vgl. Abb. 23 u. Tab. 15). Diese Atomanordnung tritt von tiefen Temperaturen bis 906°C auf und dann nochmals von 1401°C bis zum Schmelzpunkt (1528°C). Für Eisen mit dieser Struktur sind in verschiedenen Temperaturbereichen drei Bezeichnungen üblich: α-Fe für das ferromagnetische Eisen bis 768°C (Curie-Punkt), β-Fe für das paramagnetische**) Eisen vom W-Typ (768—906°C) und δ-Fe für das kristallisierte Eisen über 1401°C. α-, β- und δ-Fe unterscheiden sich nicht in der Anordnung der Atomschwerpunkte.

*) Man bezeichnet den W-Typ auch als „kubisch innenzentriert“, da er dem einfachen kubisch innenzentrierten Translationsgitter entspricht.

**) Paramagnetische Stoffe werden von einem Magnet nur so schwach angezogen, daß sie im Sprachgebrauch des täglichen Lebens als unmagnetisch zu bezeichnen sind.

2. Im Cu-Typ (kubische Dichtestpackung, vgl. Abb. 22 u. Abb. 31). Diese Atomanordnung ist von 906°—1401°C stabil; sie wird γ-Fe genannt.

Während das kubisch innenzentrierte Eisen nur sehr wenig Kohlenstoff in seine Struktur aufzunehmen vermag, löst γ-Fe bei Temperaturen um 1100°C bis zu 1,7 Gew.% Kohlenstoff (vgl. Abb. 72). Dabei vertritt aber der verhältnismäßig kleine Kohlenstoff nicht das Eisen, sondern er besetzt Lücken in der kubischen Dichtestpackung der Fe-Atome. Dieses C-haltige γ-Fe wird Austenit genannt. Der Austenit wandelt sich beim langsamen Abkühlen entsprechend dem Zustandsdiagramm Abb. 72 in ein Gemenge von innenzentriertem Eisen und Fe_3C um. Schreckt man hingegen rasch auf Temperaturen unter 150°C ab, so bilden sich übersättigte Lösungen von Kohlenstoff in innenzentriertem Eisen (wobei Gitterverzerrungen auftreten); diese heißen Martensit.

Der Kohlenstoff vermag nicht nur in die Gitterlücken des γ-Eisens und (in sehr viel geringerem Ausmaß!) des innenzentrierten Eisens einzutreten. Er bildet mit Eisen auch das stöchiometrische Karbid Fe_3C, den Zementit. Im Zementit hat die Anordnung der Fe-Atome zu keiner der Modifikationen des reinen Eisens nähere Beziehungen (Abb. 73). Jedes C-Atom ist von

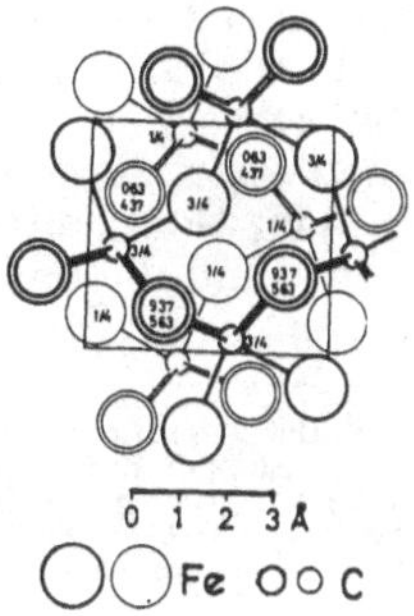

Abb. 73.

Zementit, $Fe_2^{[2C+11Fe]}Fe^{[2C+12Fe]}C^{[6Fe]}$rh; $a_0 = 5{,}08$ Å, $b_0 = 6{,}73$ Å, $c_0 = 4{,}52$ Å. Projektion parallel [010]. Die C-Atome auf $y = {}^3/_4$ und die sie koordinierenden Fe-Atome sind stark gezeichnet, die C-Atome auf $y = {}^1/_4$ und die sie koordinierenden Fe-Atome schwach.

sechs Fe-Atomen trigonal prismatisch im Abstand von ~ 2,01 Å umgeben (zwei weitere folgen mit C—Fe ~ 2,35 Å). Die Eisenatome, die zwei geometrisch verschiedene Punktlagen besetzen, haben eine komplizierte Koordination. Die Strukturformel lautet: $Fe_2^{[2C+11Fe]}Fe^{[2C+12Fe]}C^{[6Fe]}rh$; die Fe—Fe-Abstände liegen zwischen 2,47 und 2,69 Å.*)

Gründe für das Auftreten und die Geometrie intermetallischer Phasen.

Ionar und kovalent gebundene Kristalle haben im allgemeinen (d.h. wenn man von der Mischkristallbildung absieht) eine genau definierte chemische Zusammensetzung, ferner entspricht ihre Formel den üblichen Wertigkeiten. Ganz anderen Verhältnissen begegnet man bei den intermetallischen Phasen. In vielen kann die chemische Zusammensetzung beträchtlich variieren; man sagt dann, sie zeigen eine Phasenbreite (vgl. z.B. das Zustandsdiagramm Cu—Zn, Abb. 69). Ferner entsprechen die Atomverhältnisse nicht den gewohnten Wertigkeiten; man denke etwa an die Phasen $MgCu_2$, Mg_2Cu, Cu_5Zn_8 und Fe_3C! Eine allgemeine Beantwortung aller hierher gehörigen Fragen schwebt noch in weiter Ferne. Als wichtig für das Auftreten und die Struktur von intermetallischen Phasen haben sich bisher erwiesen:

1. Die Größenverhältnisse der Atome mit ihren metallischen Radien (vgl. Tab. 16). Überstrukturen zu den dichtesten Kugelpackungen, wie sie z.B. im System Kupfer-Gold auftreten, kommen natürlich nur dann vor, wenn die metallischen Wirkungsradien der Atomsorten nicht allzu verschieden sind. — Für das Auftreten

---

*) Der Zementit besitzt übrigens keinen kongruenten Schmelzpunkt, wie man nach Abb. 72 erwarten würde, sondern er zersetzt sich beim Tempern unter Abscheidung von Graphit. Abb. 72 gilt nicht durchwegs für die thermodynamisch stabilen Phasen, sondern für nicht allzu langsame Abkühlung; technisch ist das Zustandsdiagramm in dieser Form von großer Wichtigkeit.

gewisser Strukturtypen in intermetallischen Systemen sind offenbar bestimmte Radienquotienten von großer Bedeutung. Als Beispiel seien die sogenannten Laves-Phasen genannt, eine Gruppe von drei sehr nahe verwandten Strukturtypen AB_2, von denen einer durch das $MgCu_2$ repräsentiert wird (Vgl. S. 47 u. Abb. 27). Man überlegt sich leicht, daß sich die zahlreichsten Berührungen zwischen den Atomen ergeben, wenn das Radienverhältnis $r_A/r_B = \sqrt{3/2} \sim 1.22$ ist; dann steht jedes Mg-Atom mit vier anderen Mg-Atomen in Kontakt*) und jedes Cu-Atom „berührt" sechs andere Cu-Atome. Tatsächlich liegt bei den sehr zahlreichen hierher gehörenden intermetallischen Phasen der Radienquotient diesem Zahlenwert immer einigermaßen nahe. Charakteristischerweise gehört das KNa_2, die einzige Verbindung im System Kalium-Natrium, zu den Laves-Phasen; ihr Auftreten ist anscheinend weitestgehend eine Folge des Größenverhältnisses der Atomarten und nicht von chemischer Bindung im eigentlichen Sinn.

2. Die durchschnittliche Zahl von Valenzelektronen pro Atom (Hume-Rothery-Phasen). So tritt der W-Typ (oder geordnet: der CsCl-Typ, vgl. S. 43) häufig bei intermetallischen Verbindungen mit der mittleren Valenzelektronenzahl $n = 3/2$ auf (CuZn = β-Messing, Cu_3Al, FeAl, usw.); die Struktur des γ-Messing findet man bei $n = 21/13$ (Cu_5Zn_8 = γ-Messing, Fe_5Zn_{21}, Cu_9Al_4, usw.), die hexagonale Dichtestpackung bei $n = 7/4$ ($CuZn_3$ = ε-Messing**); Cu_3Sn, usw.). Für die Zuordnung der Anzahl der Valenzelektronen zu einem Atom ist immer die Stellung im Periodischen System der Elemente maßgebend. Die Alkalimetalle sowie Cu, Ag und Au sind also als 1-wertig einzusetzen, die Erdalkalimetalle und Zn, Cd und Hg als 2-wertig, etc.

---

*) Eine genauere Untersuchung der Geometrie dieser Struktur zeigt, daß das kein Widerspruch zur Angabe auf S. 47 ist, wonach die Mg-Atome als nächste Nachbarn zwölf Cu haben und erst in einer etwas größeren Entfernung vier Mg folgen.

**) Das ε-Messing ist allerdings immer etwas Zn-reicher als dieser Formel entspricht (vgl. S. 100 und Abb. 69).

Besonders zu beachten ist, daß man bei der Abzählung der Valenzelektronen die Metalle Fe, Co und Ni sowie die Pt-Metalle mit der Wertigkeit Null einzusetzen hat.

Die eben besprochenen beiden Punkte sind natürlich keineswegs die einzigen Faktoren, welche das Auftreten und die Geometrie von intermetallischen Phasen bestimmen, sie mögen jedoch hier die Besprechung der Metalle abschließen.

VI. Einige weitere Kapitel der allgemeinen Kristallchemie

Mischkristalle (2. Teil).

Im Teil 1 über Mischkristallbildung (S. 64ff.) wurden jene Fälle behandelt, in welchen eine Punktlage wie in einem idealen Kristall vollständig besetzt ist, im Gegensatz zu diesem jedoch durch verschiedene Atom- bzw. Ionensorten. Voraussetzung für solche Vertretungen ist eine genügende Ähnlichkeit der Raumbeanspruchung und der chemischen Bindungskräfte der sich ersetzenden Strukturbestandteile.

Beim Austenit treten Mischkristalle anderer Art auf. Hier ersetzen die Kohlenstoffatome nicht die Eisenatome, sondern die Atomanordnung bleibt (von einer leichten Aufweitung abgesehen) unverändert erhalten; zusätzlich besetzen jedoch C-Atome Lücken der kubischen Dichtestpackung, und zwar die größeren, oktaedrisch koordinierten. Dabei zeigt die Erfahrung (vgl. Abb. 72), daß die Oktaederlücken keineswegs vollständig besetzt werden können. Da es nämlich in der kubischen Dichtestpackung ebenso viele Oktaederlücken wie Atome gibt, würde eine vollständige Besetzung zu einem Karbid FeC mit 17,7 Gew. % C führen. Tatsächlich ist auch in den C-reichsten Austeniten nur etwa ein Zehntel der Oktaederlücken durch Kohlenstoff besetzt.

Man nennt Mischkristalle, in denen eine Punktlage vollständig durch verschiedene Atom- (Ionen-) Sorten besetzt wird, vielfach S u b s t i t u t i o n s m i s c h k r i s t a l l e;

Mischkristalle der Art des Austinits, bei denen also zu einer erhalten gebliebenen Atomanordnung eine weitere Punktlage teilweise besetzt wird, nennt man zur Unterscheidung Additionsmischkristalle.

Als Gegenstück zu den Additionsmischkristallen wird man von Subtraktionsmischkristallen dann sprechen, wenn es durch einen Ersatz von gewissen Strukturbestandteilen durch andere zur unvollständigen Besetzung einer Punktlage kommt. Ein bekanntes Beispiel dafür ist der Wüstit, ein Eisenoxid der ungefähren Zusammensetzung FeO, das dem NaCl-Typ zugehört. Es ist jedoch immer ein kleiner Teil des Fe^{2+} durch Fe^{3+} ersetzt; dabei treten jedoch nicht etwa zusätzliche Sauerstoff-Ionen in die Struktur ein, sondern ein Teil der Fe-Punktlage bleibt unbesetzt: $(Fe^{2+}, Fe^{3+})^{[6]}_{1-x}O^{[6]}k$ mit $x \sim 0{,}1$. Ähnliche Verhältnisse findet man auch beim FeS, welches allerdings nicht im NaCl-, sondern im NiAs-Typ kristallisiert*) (vgl. Abb. 26). Wie beim Wüstit ist die Fe-Position meist zu ungefähr 10% unbesetzt.

Additions- und Subtraktionsmischkristalle sind keineswegs immer scharf zu trennen. Als Beispiel diene das System LiCl—$MgCl_2$. Beide Strukturen sind geometrisch durch eine (im Falle des $MgCl_2$ leicht verzerrte) kubische Dichtestpackung von Cl^--Ionen charakterisiert. Im LiCl sind alle Oktaederlücken der Anionenanordnung durch Li^+ besetzt, im $MgCl_2$ nur die halben durch Mg^{2+}, und zwar so, daß eine Stapelung von Schichten der Art von Abb. 36 entsteht, wobei die Schichtebenen senkrecht zu einer der vier dreizähligen Achsen der kubischen Dichtestpackung stehen. Diese beiden beträchtlich voneinander verschiedenen Strukturen bilden (jedenfalls bei hohen Temperaturen) eine durchgehende Reihe von Mischkristallen der Formel (Li_{1-2x}, Mg_x) Cl mit $0 \leqslant x \leqslant \frac{1}{2}$. Am Mg-reichen Ende

*) Jedenfalls bei höheren Temperaturen; bei Zimmertemperatur treten im Detail komplizierte Überstrukturen auf.

kann man von einem Additions-Mischkristall sprechen, da Lücken in der Atomanordnung des Magnesiumchlorids durch Li^+ aufgefüllt werden (zugleich wird ebenso viel Mg^{2+} in den Schichten durch Li^+ ersetzt, um die Elektroneutralität des Kristalls zu erhalten!). Auf der Li-reichen Seite hingegen kann man von einem Subtraktions-Mischkristall sprechen, da mit dem Ersatz eines Teiles des Li^+ durch Mg^{2+} ebenso viele Oktaederlücken frei gelassen werden wie Mg^{2+} eingebaut wird. Im mittleren Bereich der Mischkristallbildung verliert die Unterscheidung zwischen Additions- und Subtraktionsmischkristall ihren Sinn!

Polymorphie. Isomorphie.

Viele chemische Substanzen (Elemente und Verbindungen) treten im festen Zustand in mehreren kristallinen Modifikationen auf, die sich in ihren physikalisch-chemischen Eigenschaften unterscheiden und unter verschiedenen Temperatur-Druck-Bedingungen stabil sind. Man nennt diese Erscheinung Polymorphie; sind nur zwei polymorphe Modifikationen bekannt, so spricht man auch von Dimorphie.

Die kristallinen Modifikationen einer chemischen Substanz unterscheiden sich in verschiedenem Ausmaß in ihrer Atomanordnung. Bei den Modifikationen des Eisens (W-Typ und kub. Dichtestpackung, vgl. S. 102) und des Kohlenstoffs (Diamant und Graphit, vgl. Abb. 17 und Abb. 18) sind die kristallchemischen Unterschiede groß, da sich die Koordinationszahlen ändern: $Fe^{[8]}k \rightleftharpoons Fe^{[12]}k$, $C^{[4]}k \rightleftharpoons C^{[3]}h$. Andere Paare polymorpher Modifikationen unterscheiden sich nur in der Geometrie des Koordinationspolyeders, nicht jedoch in der Koordinationszahl. Ein Beispiel dafür ist das Kobalt, welches bei Zimmertemperatur in der hexagonalen Dichtestpackung kristallisiert, bei höheren Temperaturen jedoch in der kubischen Dichtestpackung. In beiden Modifikationen ist die Koordinationszahl zwölf. In der hex. Dichtestpackung entspricht die Koordination Abb. 74a (vgl. auch Abb. 32), in der kubischen Dichtestpackung jedoch Abb. 74b. Schließlich gibt es auch Polymorphien, in denen sich die einzelnen Modifikationen weder in der Koordinationszahl noch in der Ge-

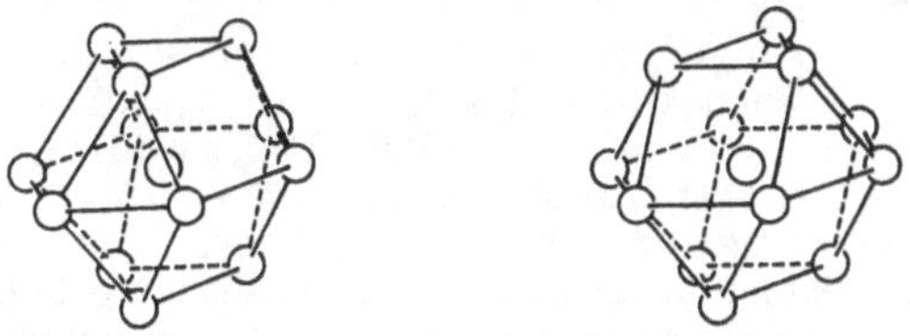

a b

Abb. 74. Koordinatonspolyeder a) in der hexagonalen Dichtestpackung, b) in der kubischen Dichtestpackung.

stalt der Koordinationsfiguren unterscheiden. Ein Beispiel dafür bietet das Zinksulfid in seinen Modifikationen Zinkblende (Abb. 39) und Wurtzit (Abb. 54); in beiden Kristallarten ist das Zink tetraedrisch von vier Schwefelatomen umgeben und umgekehrt.

Man wird erwarten dürfen, daß sich polymorphe Modifikationen mit gleichen (oder sehr ähnlichen) Koordinationsverhältnissen in ihrem Energieinhalt nur wenig unterscheiden. Das darf jedoch nicht zur Annahme verleiten, daß sie sich auch leicht (d.h. mit großer Geschwindigkeit) ineinander umwandeln, sobald man vom Stabilitätsgebiet einer Modifikation in das einer anderen übergeht. Die Leichtigkeit einer Umwandlung hängt wesentlich davon ab, ob der Übergang durch eine geometrische Deformation ohne das Durchlaufen sehr energiereicher Zwischenzustände bewirkt wird: Deformations-Umwandlung („displacive transformation" nach M. J. Buerger), oder ob kräftige Bindungen getrennt und auf eine geometrisch andere Weise wieder verknüpft werden: Umbau-Umwandlung („reconstructive transformation" nach M. J. Buerger). Beispiele für Umbau-Umwandlungen sind etwa Zinkblende $\rightleftharpoons$ Wurtzit oder Quarz → Cristobalit (vgl. S. 123); ein oft zitiertes Beispiel für eine Deformations-Umwandlung ist der Übergang Tief-Quarz ⇌ Hoch-Quarz bei 573°C.

Die bei höherem Druck stabile Modifikation hat oft größere Koordinationszahlen. — Eine besonders interessante Art von Polymorphie zeigt das Cer. Unter Normalbedingungen kristallisiert dieses Metall in der kubischen Dichtestpackung mit $a_0 = 5{,}14$ Å. Erhöht man den Druck auf ~ 7000 Atm, so verringert sich die Gitterkonstante sprunghaft um ~ 5% ohne daß sich der Strukturtyp ändert. Wahrscheinlich wird dabei ein Elektron von einem 4f- in ein 5d-Niveau gehoben.

Das gleichsam reziproke Phänomen zur Polymorphie ist die Isomorphie. Man versteht darunter die Erscheinung, daß chemisch verschiedene Substanzen eine prinzipiell gleiche Kristallstruktur besitzen (wenn auch mit unterschiedlichen interatomaren Abständen und manchmal auch verschiedener chemischer Bindung). Beispiele sind z.B. alle in der kubischen Dichtestpackung kristallisierenden Elemente (Cu, Al, Pb, Au, Ag, Ce, Kr ...) oder die vielen Vertreter des NaCl-Typs (NaCl, KCl, RbCl, LiF, LiCl, LiBr, AgCl, AgBr, MgO, CaO, MgS, CaS, PbS ...). Für das Auftreten gleicher Strukturen bei verschiedener chemischer Zusammensetzung ist wesentlich, daß 1. die Größenverhältnisse der Strukturbestandteile (Atome, Ionen) ähnlich sind und daß 2. die räumlichen Bindungstendenzen der Atome einigermaßen gleich sind. Bei kugelsymmetrischen Kraftfeldern (ionare, metallische und van der Waals'sche Bindung) entfällt Punkt 2 weitgehend und die Größenverhältnisse werden innerhalb eines Bindungstyps entscheidend. Punkt 2 wird jedoch bei kovalent gebundenen Kristallen dominierend wichtig. Die Elemente Si, As und Se z.B. haben bei Elektronenpaar-Bindung eine ähnliche Raumbeanspruchung; dennoch kristallisieren sie aber in wesentlich verschiedenen Strukturtypen, weil die Raumverteilung der Bindungsorbitale in diesen drei Elementen verschieden ist.

In der letzten Zeit hat sich immer mehr durchgesetzt, bei Substanzen gleichen Strukturtyps von Isotypie zu sprechen. Dieser Ausdruck soll nur sagen, daß die Atomanordnungen (von den Absolutmaßen abgesehen) einander entsprechen — über eine Verwandtschaft der chemischen Bindung oder die Fähigkeit zur Mischkristallbildung wird nichts ausgesagt. Bilden isotype Substanzen Mischkristalle, so spricht man von isomorpher Mischkristallbildung. NaCl und PbS sind also z.B. isotyp, bilden aber keine Mischkristalle; KCl und RbCl sind isotyp und außerdem isomorph mischbar.

Übergänge zwischen den Bindungsarten. Die Elektronegativitäten.

Die früher behandelten Hauptbindungsarten ionar, kovalent, metallisch und van der Waals' sind nur Endtypen, die keineswegs immer in reiner Form auftreten; es sind vielmehr mannigfache Übergänge zwischen ihnen möglich.

Als relativ gut untersuchter Fall seien die Bindungszustände, welche zwischen ionar und kovalent liegen, etwas näher behandelt. L. Pauling konnte aus thermochemischen Daten den Elementen eine Maßzahl für die Tendenz zur Ionenbindung, die Elektronegativität, zuordnen. Sein System ist in Tab. 22 wiedergegeben. Die dort gedruckten Zahlenwerte könnten alle um dieselbe additive Konstante geändert werden, da immer nur die Differenz der Elektronegativitäten zweier Elemente benützt wird. Je größer sie ist, um so stärker ist der elektrostatische Bindungsanteil; das Element mit der größeren Elektronegativität nimmt die negative Ladung an. Die größtmögliche Differenz in den Zahlenwerten von Tab. 22 tritt zwischen Fluor (4,0) und Cäsium (0,7) auf. Zwischen diesen Elementen herrscht also am ausgeprägtesten rein ionare Bindung.

Den ungefähren Zusammenhang zwischen der Elektronegativitäts-Differenz und dem Anteil elektrostati-

Tab. 22. System der Elektronegativitäten (nach Pauling)
Stark eingerahmt: Übergangselemente.

Li 1,0	Be 1.5											B 2.0	C 2.5	N 3.0	O 3.5	F 4.0
Na 0.9	Mg 1.2											Al 1.5	Si 1.8	P 2.1	S 2.5	Cl 3.0
K 0.8	Ca 1.0	Sc 1.3	Ti 1.5	V 1.6	Cr 1.6	Mn 1.5	Fe 1.8	Co 1.8	Ni 1.8	Cu 1.9	Zn 1.6	Ga 1.8	Ge 1.8	As 2.0	Se 2.4	Br 2.8
Rb 0.8	Sr 1.0	Y 1.2	Zr 1.4	Nb 1.6	Mo 1.8	Tc 1.9	Ru 2.2	Rh 2.2	Pd 2.2	Ag 1.9	Cd 1.7	In 1.7	Sn 1.8	Sb 1.9	Te 2.1	I 2.5
Cs 0.7	Ba 0.9	La–Lu 1.1–1.2	Hf 1.3	Ta 1.5	W 1.7	Re 1.9	Os 2.2	Ir 2.2	Pt 2.2	Au 2.4	Hg 1.9	Tl 1.8	Pb 1.8	Bi 1.9	Po 2.0	At 2.2
Fr 0.7	Ra 0.9	Ac 1.1	Th 1.3	Pa 1.5	U 1.7	Np–No 1.3										

scher Bindung gibt Abb. 75. Damit erhält man z.B. für die Si—O-Bindung aus der Elektronegativitäts-Differenz von 1,7 einen ionaren Bindungsanteil von $\sim 50\%$.

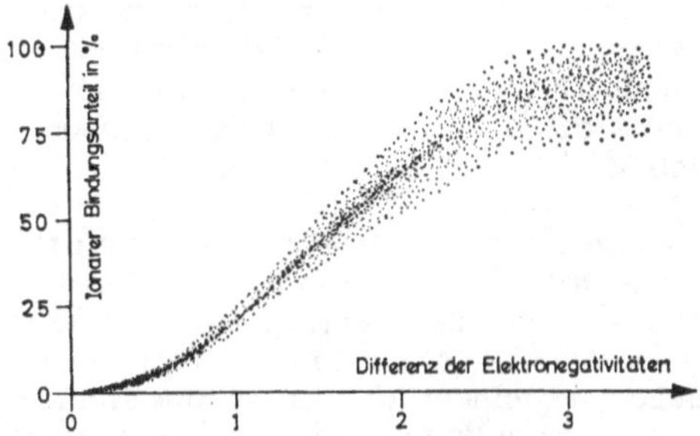

Abb. 75. Zusammenhang zwischen Elektronegativitätsdifferenz und prozentuellem Anteil an ionarer Bindung.

Weder für die Zahlenwerte der Elektronegativitäten noch für die Korrelation zwischen Elektronegativitäts-Differenz und ionarem Charakter der Bindung darf man eine große Genauigkeit erwarten. Der spezielle Charakter einer Bindung hängt z.B. auch von der Wertigkeitsstufe der Elemente ab, ferner von den gesamten Nachbarschaftsverhältnissen, usw. Dennoch ist das System der Elektronegativitäten für grobe Betrachtungen ungemein nützlich.

Auch metallische und kovalente Bindung stehen keineswegs ohne Übergänge nebeneinander. Man kann vielmehr sogar die metallische Bindung in gewisser Hinsicht als Sonderfall der kovalenten ansehen. Dann gehören die Metalle zu den stark Elektronen-defizienten Strukturen und es tritt umfangreiche Resonanz auf (L. Pauling).

Einige Worte sind hier den Halbleitern zu widmen. Es handelt sich dabei um Kristalle, deren elektrischer

Widerstand um etwa 5—10 Zehnerpotenzen größer ist als derjenige typischer Metalle, aber zugleich um 5—10 Zehnerpotenzen kleiner als der von guten Isolatoren (z.B. Diamant, organische Molekülkristalle, typische Ionenkristalle wie NaCl). In den typischen und weitaus überwiegenden Fällen nimmt der elektrische Widerstand im Gegensatz zu den Metallen mit zunehmender Temperatur ab. Vom Standpunkt der chemischen Bindung stehen die Halbleiter meist durchgehend kovalent gebunden Kristallen nahe. Damit Halbleiter-Eigenschaften auftreten können, ist es dann notwendig, daß voll besetzte Elektronenbänder (die Analoga zu den Elektronen-Orbitalen in Atomen und Molekülen) nur einen sehr kleinen Energiesprung zu leeren Elektronenbändern haben. Dadurch kann z.B. die thermische Energie genügen, um einem kleinen Teil der Elektronen den Sprung in das leere Band zu ermöglichen, wodurch sofort elektrische (Elektronen-) Leitung auftritt. Der Widerstand der Halbleiter hängt sehr empfindlich von in kleinen Mengen eingebauten Elementen ab; so nimmt im reinsten kristallisierten Silicium der elektrische Widerstand um einige Zehnerpotenzen ab, wenn man einen kleinen Teil des Si durch B oder P ersetzt.

Nicht verwechseln mit den Übergängen zwischen den vier Hauptbindungsarten darf man die ebenfalls sehr verbreitete Erscheinung, daß in einem Kristall verschiedene Bindungsarten nebeneinander auftreten. So herrscht im rhombischen Schwefel zwischen den nächsten Nachbarn in den S_8-Ringen (Abb. 53) zweifellos kovalente Bindung, zwischen verschiedenen Molekülen jedoch van der Waals'sche. Analoges gilt für viele Kristalle, die organische Moleküle enthalten (vgl. hierzu aber auch die Ausführungen über Wasserstoffbrücken, S. 126). Im kubischen FeS_2 (Pyrit, Abb. 76) hat man innerhalb der S_2-Hanteln, in denen der Schwefel-Schwefel-Abstand praktisch gleich groß wie im S_8-Molekül ist, kovalente Bindung anzunehmen. Das metallische Aussehen und das relativ gute elektrische

Leitvermögen*) (Halbleiter) weisen jedoch für den Rest des Zusammenhaltes auf partiell metallische Bindungen hin. Das Nebeneinander von ausgeprägt ionarer und kovalenter (bzw. partiell kovalenter) Bindung findet

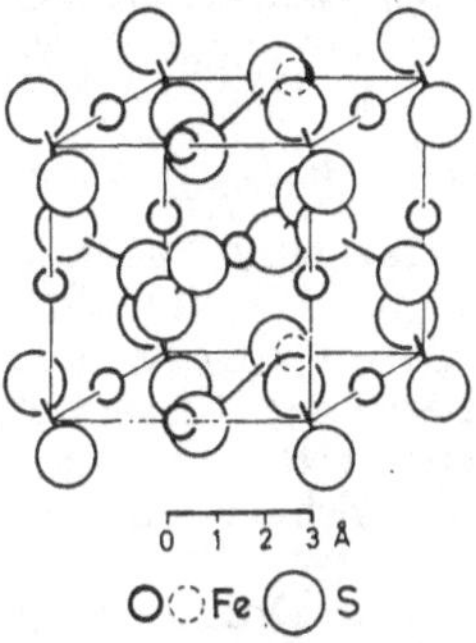

Abb. 76. Pyrit, $Fe^{[6]}[S_2]$k; $a_0 = 5{,}41$ Å.

man in Salzen mit komplexen Anionen — vor allem, wenn die Kationen Alkalien oder Erdalkalien sind. Ein typisches Beispiel ist etwa das wasserfreie Natriumsulfat, $Na_2^{[6]}[SO_4]$rh, in welchem die Bindung zwischen den Na^+-Ionen und den SO_4^{2-}-Tetraedern zweifelsohne praktisch rein elektrostatisch ist, die Bindung zwischen Schwefel und Sauerstoff jedoch zu einem großen Teil kovalent (nach Tab. 22 und Abb. 74 zu ungefähr drei Vierteln). Ähnliches gilt für $Ca^{[8]}[SO_4]$rh (als Mineral: Anhydrit), $Ca^{[6]}[CO_3]$ trig (Kalkspat), $Mg_2^{[6]}[SiO_4]$rh (Olivin; genauer Forsterit-Endglied der Olivine, welche Mischkristalle $(Mg, Fe)_2^{[6]}[SiO_4]$rh sind) usw. An der Atomanordnung des $Na^{[6]}[ClO_3]$k sieht man schon aus der Geometrie klar, daß die Bindung in der Aniongruppe weitgehend kovalent sein muß, weil die $[ClO_3]^{1-}$-Gruppe die Gestalt einer trig. Pyramide (Abb. 16c) hat.

*) Der elektrische Widerstand ist allerdings um einige Zehnerpotenzen höher als bei den typischen Metallen; er nimmt bei manchen Pyriten mit der Temperatur zu, bei anderen ab.

VII. Einige spezielle Kapitel der Kristallchemie

Da es im Rahmen dieser kurzen Einführung unmöglich ist, die Kristallchemie aller Elemente zu behandeln, soll die spezielle Kristallchemie auf einige besonders wichtige und interessante Kapitel beschränkt werden.

Silikate.

Als ungemein fruchtbar haben sich die Kristallstrukturforschung und die kristallchemische Betrachtungsweise — letztere besonders durch F. Machatschki — für die Silikate erwiesen. Diese Stoffgruppe ist sowohl für die Erdwissenschaften wie für viele Zweige der Technik (Keramik, Zement, usw.) von erstrangiger Bedeutung.

Unter den üblichen Druckbedingungen ist für die Silikate das SiO_4-Tetraeder das charakteristische Bauelement*). Der Si-O-Abstand beträgt im Mittel etwa 1,63 Å; seine Variation mit den weiteren Nachbarschaftsverhältnissen um den Sauerstoff ist klein und hält sich in den Grenzen von etwa ± 0,04 Å. Leichter deformierbar sind die O—Si—O-Winkel: die Abweichungen von dem Wert für ein ideales Tetraeder (O-Si-O = = 109°28′) überschreiten gar nicht selten 5°. Die Si-O-Bindung in den Silikaten liegt etwa in der Mitte zwischen ionar und kovalent.

Die SiO_4^{4-}-Tetraeder können in Silikaten isoliert voneinander auftreten, dann spricht man von Insel- oder Nesosilikaten. Wichtige Beispiele sind $(Mg, Fe^{2+})_2^{[6]}[SiO_4]$rh (Olivin), $Ca_2[SiO_4]$ (verschiedene Modifikationen, von denen das monokline β-$Ca_2[SiO_4]$

*) Bei extrem hohen Drucken neigt das Si zu oktaedrischer 6-Koordination gegenüber Sauerstoff. So kristallisiert z.B. das SiO_2 über ~ 100.000 Atmosphären im Rutil-Typ (Stishovit). — Eine bei Atmosphärendruck thermodynamisch stabile Phase mit Silicium in oktaedrischer Sauerstoff-Koordination ist wahrscheinlich das $Si[P_2O_7]$; diese Verbindung ist aber kein Silikat im eigentlichen Sinn.

ein wichtiger Bestandteil des Zements ist), $Ca_3^{[8]}Al_2^{[6]}[SiO_4]_3$k (Granat, und zwar speziell: Grossular), $Zr^{[8]}[SiO_4]$t (Zirkon) und $Al_2^{[6]}(F, OH)_2[SiO_4]$rh (Topas). Silikate mit einem O:Si-Verhältnis größer als 4:1 enthalten neben den $[SiO]_4^{4-}$-Gruppen nicht an Silicium gebundene Sauerstoff-Ionen. Beispiele dafür sind $Ca^{[7]}Ti^{[6]}O[SiO_4]$m (Titanit) und $Ca_3O[SiO_4]$ (Tricalciumsilikat oder Alit; ein wichtiger Bestandteil des Zements).

Die SiO_4-Tetraeder brauchen in Silikaten jedoch keineswegs wie in den bisherigen Fällen isoliert voneinander aufzutreten; sie können sich vielmehr auch in mannigfacher Weise zu endlichen oder sogar unbegrenzten Verbänden polymerisieren. Dabei haben benachbarte SiO_4-Gruppen stets nur einen einzigen Sauerstoff gemeinsam: die Verknüpfung der Tetraeder erfolgt also über Ecken und nicht über Kanten oder gar Flächen*) (3. Pauling'sche Regel, vgl. S. 78). Der Bindungswinkel Si—O—Si liegt meist um 140 ± 10^0; größere Winkel (bis $\sim 165^0$) kommen gar nicht allzu selten vor. Eine Streckung auf 180^0 findet man jedoch nur in Ausnahmefällen.

Verknüpfen sich SiO_4-Tetraeder zu endlichen Gruppen, so spricht man von Gruppen- oder Sorosilikaten. Ein einfaches Beispiel ist $Sc_2^{[6]}[Si_2O_7]$m (als Mineral: Thortveitit). Interessant in diesem Zusammenhang ist, daß bisweilen Si_2O_7-Gruppen auch in Kristallen auftreten, in welchen das Si:O-Verhältnis 1:4 ist; die Struktur muß dann auch nicht an Silicium gebundene Sauerstoffionen enthalten. Als Beispiel diene das Mineral Epidot mit der Summenformel $Ca_2(Al, Fe^{3+})_3Si_3O_{12}(OH)$; nach der vorliegenden Strukturbestimmung lautet die kristallchemische Formel: $Ca_2(Al, Fe)_3^{[6]}O(OH)[SiO_4][Si_2O_7]$ m.

---

*) Einzige Ausnahme ist die instabile „faserige Modifikation" des SiO_2 mit einer $^1_\infty Si^{[4]}O_2$-Struktur, in welcher jedes SiO_4-Tetraeder zwei einander gegenüber liegende Kanten mit Nachbartetraedern gemeinsam hat.

Eine besondere Abteilung innerhalb der Gruppensilikate bilden die Ring- oder Cyclosilikate*). In dieser Silikatgruppe kennt man 6-er Ringe $[Si_6O_{18}]^{12-}$ (Abb. 77), $[Si_3O_9]^{6-}$-Ringe und $[Si_4O_{12}]^{8-}$-Ringe. Isolierte Ringe mit mehr als sechs Gliedern wurden bisher nicht gefunden. Ein Beispiel für ein 6-Ring-Silikat ist der Beryll $Be_3^{[4]}Al_2^{[6]}[Si_6O_{18}]$h, eines für ein 3-Ring-Silikat das seltene Mineral Benitoid $BaTi^{[6]}[Si_3O_6]$trig.

Die Verknüpfung von Silikattetraedern über zwei Sauerstoff-„Ecken" kann aber auch zu eindimensional unbegrenzten Gebilden führen; dann liegen Ketten- oder Inosilikate vor. Abb. 78 entnimmt man, daß

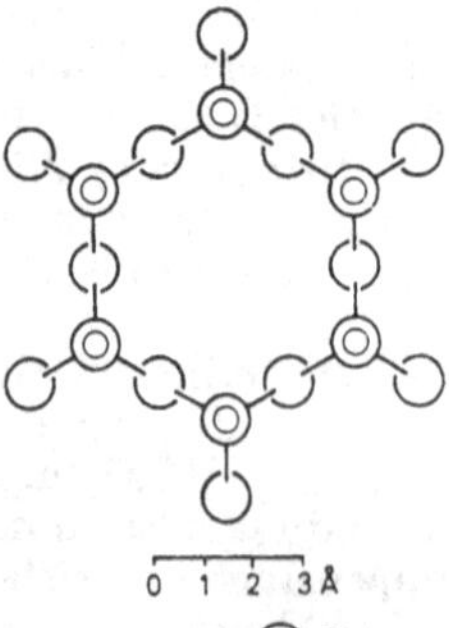

Abb. 77. $[Si_6O_{18}]^{12-}$-Ring (schematisch).

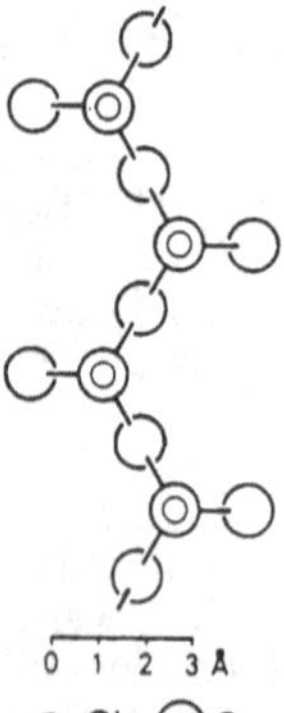

Abb. 78. $\overset{1}{\infty}[SiO_3]^{2-}$-Kette der Pyroxene (schematisch).

einer solchen einfachen Kette die Formel SiO_3^{2-}, bzw. die kristallchemische Formel $\overset{1}{\infty}[Si^{[4]}O_3]^{2-}$ zukommt. Beispiele unter den Mineralen sind $\overset{1}{\infty}Mg^{[6]}[SiO_3]$rh

*) Man kann natürlich die Ringsilikate auch getrennt neben die Gruppensilikate stellen, wie dies H. Strunz tut; es handelt sich dabei um eine rein nomenklatorische Frage.

(Enstatit) und $\overset{1}{\infty}Ca^{[8]}Mg^{[6]}[Si_2O_6]m$ (Diopsid, eines der Endglieder der monoklinen Pyroxene); ein hierhergehörendes Laboratoriumsprodukt ist $\overset{1}{\infty}Na_2^{[5]}[SiO_3]rh$. — Unter den Mineralen gibt es auch eine wichtige Gruppe von Silikaten, in denen sich zwei SiO_3-Ketten zu einem $\overset{1}{\infty}[Si_4O_{11}]^{8-}$-Band seitlich miteinander verknüpfen (Abb. 79). Es sind dies die Amphibole; die Formel eines einfachen Endgliedes lautet
$\overset{1}{\infty}Ca_2^{[8]}Mg_5^{[6]}(OH)_2[Si_8O_{22}]m$ (Tremolit).

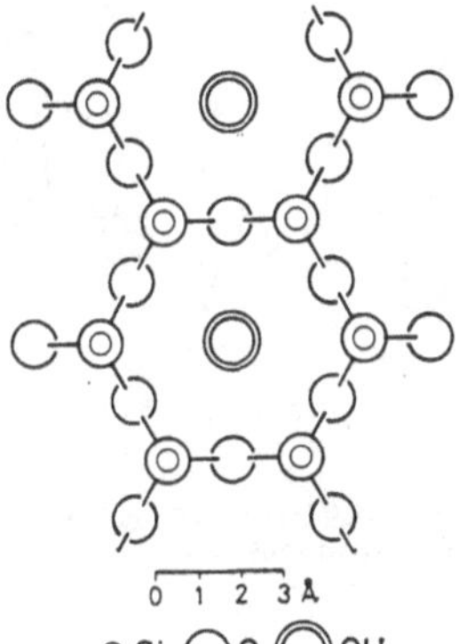

Abb. 79. $\overset{1}{\infty}\{[Si_4O_{11}](OH)\}^{7-}$-Band der Amphibole (schematisch). Die Hydroxyl-Gruppen befinden sich ungefähr auf derselben Höhe wie die nur an ein Si gebundenen Sauerstoffe.

Durch Polymerisation über jeweils drei Sauerstoff-Ecken kann es zur Bildung von $\overset{2}{\infty}[Si^{[4]}_2O_5]^{2-}$-Schichten kommen: *Schicht- oder Phyllosilikate*. Die Gestalt der Silikatschichten kann im einzelnen sehr verschieden sein. Am häufigsten sind Schichten, die man sich aus 6-Ringen aufgebaut denken kann. Die nur an ein Silicium gebundenen Sauerstoffe können alle nach der gleichen Seite der Schicht zeigen, wie in Abb. 80, aber auch nach entgegengesetzten, wobei in letzterem Falle starke Verbiegungen häufig sind. $[Si_2O_5]^{2-}$-Schichten, die aus gleich vielen 4- und 8-Ringen aufgebaut sind, haben nur eine untergeordnete Bedeutung.

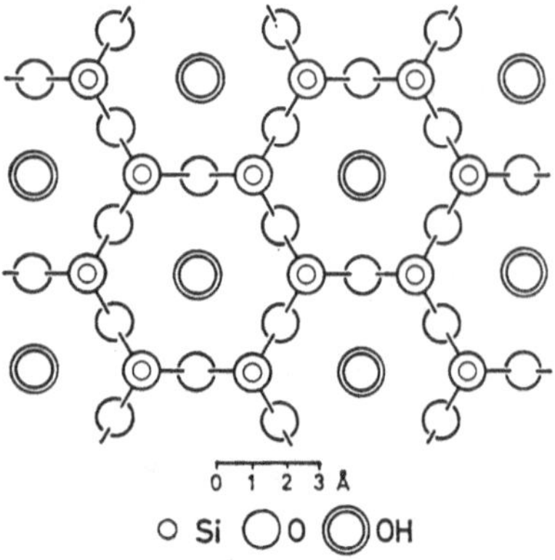

Abb. 80. $\overset{2}{\infty}\{[Si_2O_5](OH)\}^{3-}$-Schicht der glimmerartigen Silikate (schematisch). Für die Hydroxyl-Gruppen gilt dasselbe wie in Abb. 79.

— Mineralogisch sehr wichtig sind Silikate mit ebenen Schichten, in denen die Tetraederspitzen alle nach derselben Seite zeigen und die pro zwei Siliciumatomen ein Hydroxyl- oder Fluorion enthalten; es sind dies die glimmerartigen Minerale. In allen bilden je zwei nur an Si gebundene Sauerstoffe und ein (OH,F) zusammen drei der sechs Nachbarn in Koordinationsoktaedern um Mg^{2+}, Fe^{2+} oder Al^{3+}.

Man hat zwei Gruppen zu unterscheiden, je nachdem wie die Koordinationsoktaeder ergänzt werden. Bei der einen (vgl. Abb. 81 a) sitzen auf der dem Si abgewandten Seite nur Hydroxyl-Ionen; es entstehen so elektrostatisch abgesättigte Schichten

$\overset{2}{\infty}(OH)_3Al_2^{[6]}[Si_2O_5](OH)$ oder $\overset{2}{\infty}(OH)_3(Mg,Fe^{2+})_3^{[6]}[Si_2O_5](OH)$.
Die Al-Verbindung heißt Kaolinit und ist ein wichtiger keramischer Rohstoff; die Mg,Fe-Verbindung ist der Serpentin. Beim Serpentin sind die Schichten verbogen, da die Magnesiumhydroxyd-Halbschicht ein wenig mehr Platz beanspruchen möchte, als durch das Si_2O_5-Netz vorgegeben ist. In einer Varietät des Serpentins, dem Faserserpentin oder Chrysotil, entstehen dadurch Röllchen mit $\sim$200 Å Durchmesser, welche parallel zueinander liegen und die besonderen technologischen Eigenschaften dieses Stoffes hervorrufen (Bei Hitzebeständigkeit und guter Wärmeisolation zu groben Geweben verspinnbar!). Bei der zweiten Gruppe glimmerartiger Minerale sind die Schichten 6-koordinierter Kationen beidseitig von Silikatschichten umgeben (Abb. 81b); es entstehen so Schichten der Formel

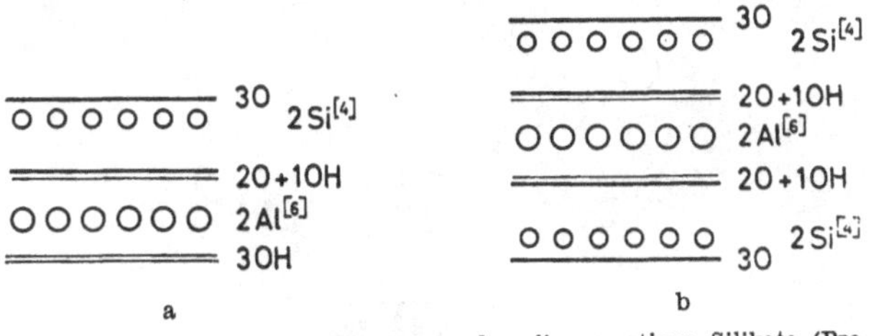

Abb. 81. Aufbau der zwei Haupttypen der glimmerartigen Silikate (Projektion parallel zur Schicht, schematisch). a) Einseitswendige Schicht des Kaolinits; im Serpentin befinden sich in der Kationenschicht $3Mg^{[6]}$ an Stelle der $2 Al^{[6]}$. b) Doppelschicht des Pyrophyllits; im Talk befinden sich in der Kationenschicht $3 Mg^{[6]}$ an Stelle der $2 Al^{[6]}$.

$\overset{2}{\infty}Mg_3^{[6]}\{(OH)[Si_2O_5]\}_2$ oder $\overset{2}{\infty}Mg_3^{[6]}(OH)_2[Si_4O_{10}]$, bzw. $\overset{2}{\infty}Al_2^{[6]}(OH)_2[Si_4O_{10}]$; erstere bauen den Talk auf, letztere den Pyrophyllit. Wird in solchen Doppelschichten ein Viertel des Siliciums durch das nur wenig größere Al^{3+} ersetzt, so erhält die Schicht pro $3Mg^{2+}$ oder $2Al^{3+}$ eine negative Ladung. Häufig wird diese durch K^+-Ionen, die zwischen den geladenen Paketen sitzen, kompensiert. So kommt man zu Muskovit, $\overset{2}{\infty}K^{[6+6]}Al_2^{[6]}(OH)_2[Si_3Al^{[4]}O_{10}]m$, und Biotit, $\overset{2}{\infty}K^{[6+6]}(Mg,Fe^{2+})_3^{[6]}(OH)_2[Si_3Al^{[4]}O_{10}]m$, den beiden wichtigsten Glimmern.

Die Verknüpfung von SiO_4-Tetraedern über alle vier Ecken führt zu den Gerüst- oder Tektosilikaten. Da jeder Sauerstoff an zwei Siliciumatome gebunden ist, ergibt sich die Formel $\overset{3}{\infty}[Si^{[4]}O_2]$; d.h. es entstehen die SiO_2-Modifikationen*). Die bei weitem wichtigste von ihnen ist der (Tief-) Quarz. Die Projektion der Atomanordnung parallel [00.1] ist in Abb. 82 darge-

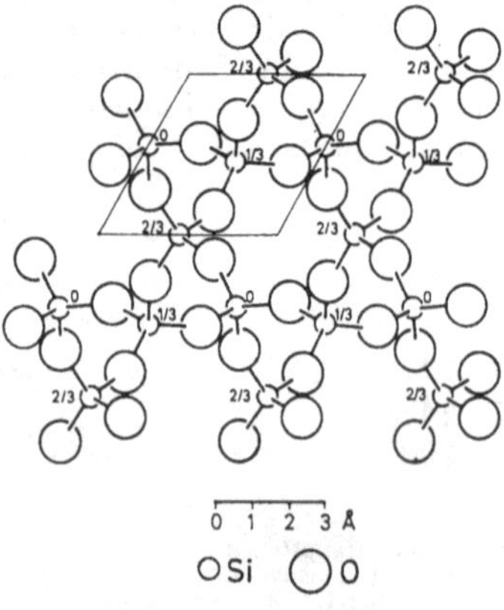

Abb. 82. Tief-Quarz, $Si^{[4]}O_2^{[2]}$rhd; $a_0 = 4{,}91$ Å, $c_0 = 5{,}40$ Å. Projektion parallel [00.1]. Zur besseren Übersicht sind die z-Koordinaten nur für die Si angegeben.

stellt. Die 2-zähligen Achsen des Symmetriegerüstes der Struktur (Raumgruppe: $P3_12$ bzw. $P3_22$ für die beiden enantiomorphen Formen) sind polar; damit hängt ein Teil der Anwendungen des Quarzes in der

*) Wegen der Ausnahme des Stishovits vgl. S. 116.

Technik zusammen („Schwingquarze"). Bei $\sim 575^0$C geht der Tief-Quarz in den strukturell nahe verwandten Hoch-Quarz über. Die Atomanordnungen unterscheiden sich nur relativ geringfügig und sie können durch Verdrehungen der Silikattetraeder ineinander übergehen, ohne daß Si—O-Bindungen durchbrochen werden müssen (Deformations-Umwandlung, vgl. S. 109). Die anderen SiO_2-Modifikationen mit Gerüststruktur (Tridymit, Cristobalit, Coesit und Keatit) können weder aus dem Quarz noch untereinander durch Deformationen hervorgehen, ohne daß Si—O-Bindungen gelöst werden müssen. Die Umwandlungen erfolgen deshalb sehr träge; es sind Umbau-Umwandlungen. Die beiden nur bei hohen Temperaturen stabilen SiO_2-Modifikationen Tridymit und Cristobalit zeigen beim Abkühlen Deformations-Umwandlungen. Sie sind sehr sperrig gebaut und können durch große Alkaliionen stabilisiert werden. In Fremdionen- und H_2O-freien Systemen konnte Tridymit bisher anscheinend nicht synthetisiert werden. Coesit und Keatit sind $Si^{[4]}O_2$-Hochdruckmodifikationen.

Besonders bei den Gerüstsilikaten erlangt die Ersetzbarkeit des Siliciums durch Aluminium unter Wahrung des Tetraederverbandes große Bedeutung. Zum Beispiel kann im Quarz die Hälfte des Siliciums durch Al^{3+} vertreten werden, wenn zum Ladungsausgleich Li^+-Ionen noch vorhandene kleine Lücken füllen: $Li[SiAl^{[4]}O_4]h$. Analoges ist im Tridymit möglich; nur treten nun in die großen Hohlräume Na^+ und K^+, und man kommt zum Nephelin: $KNa_3[Si_4Al_4^{[4]}O_{16}]h$.

Viel wichtiger sind jedoch $[(Si,Al)O_2]^{x-}$-Tetraederverbände, welche in ihrer Verknüpfung keiner der SiO_2-Modifikationen entsprechen. Die größte Bedeutung haben darunter die Feldspäte: Kalifeldspat, $K[AlSi_3O_8]$, Natronfeldspat oder Albit, $Na[AlSi_3O_8]$ und Kalkfeldspat oder Anorthit, $Ca[Al_2Si_2O_8]$. Alle drei haben im Prinzip dasselbe Tetraedergerüst. Im einzelnen sind die Verhältnisse jedoch kompliziert, da 1) die Si, Al-Verteilung bei hohen Temperaturen statistisch und bei tiefen geordnet ist, 2) die Einstellung des thermodynamisch stabilen Ordnungszustandes selbst bei hohen Temperaturen nur langsam und bei Zimmertemperatur praktisch nicht erfolgt, und 3) ausgedehnte Mischkristallbildung einerseits zwischen Kalifeldspat und Albit, andererseits zwischen Albit und Anorthit (Plagioklase) auftritt. — Der Kalifeldspat ist bei statistischer Si,Al-Verteilung monoklin (Sanidin), bei geordneter hingegen triklin (Mikroklin), mit nur geringer Abweichung von monokliner Symmetrie; Albit und Anorthit, sowie deren Mischkristalle, die Plagioklase (Na,Ca) $[(Si,Al)_4O_8]$ sind in allen Ordnungszuständen triklin*). Die Fähigkeit zur Mischkristallbildung zwischen Kalifeldspat und Albit ist stark temperaturabhängig. Während der Kalifeldspat (Mikroklin) bei Zimmertemperatur nur etwa 10 Mol% Albit-Komponente isomorph lösen kann, nimmt er bei $\sim 750^0$C als Sanidin weit über 50 Mol% $NaAlSi_3O_8$ in seine Struktur auf.

Neben den Feldspäten sind unter den Gerüstsilikaten vor allem die Zeolithe interessant. Es sind dies Kristalle mit sperrig gebauten $[(Si,Al)^{[4]}O_2]^{x-}$-Gerüsten, in deren Hohlräumen und Kanälen locker gebundene Ionen (vor allem Alkali- und Erdalkaliionen) und H_2O-Moleküle sitzen. Die Ionen können durch andere ausgetauscht werden, indem man den Zeolith in eine entsprechende Salzlösung bringt — das Tetraedergerüst wird dabei nicht nennenswert geändert. Zeolithe sind also Ionenaustauscher. Sie können deshalb (neben anderen Substanzen) zur Enthärtung von Wasser verwendet werden. Dazu läßt man „hartes“, d.h. Ca^{2+}-Ionen haltiges Wasser durch ein Säule, die mit einem geeigneten Na^+-gesättigten Zeolith gefüllt ist, fließen. Dabei wird das Wasser enthärtet — die Ca^{2+}-Ionen werden gegen Na^+-Ionen ausgetauscht. Wenn der Zeolith an Ca^{2+} gesättigt ist, kann man aus ihm durch Einbringen in

---

*) Eine Ausnahme bildet der Monalbit, eine nur knapp unterhalb des Schmelzpunktes auftretende und nicht unterkühlbare Modifikation des $Na[AlSi_3O_8]$.

eine Na^+-Salzlösung wieder einen Na^+-gesättigten Zeolith herstellen, ihn also für die Wasserenthärtung regenerieren. — Man kann bei Zeolithen ferner auch das Wasser austreiben (z.B. durch Erhitzen) ohne daß das Gerüst zusammenbricht. Solche entwässerten Kristalle nehmen sowohl Wasser wie auch andere in die Kanäle passende Moleküle (manchmal z.B. Äthylalkohol) auf. Aus diesem Grunde finden Zeolithe auch als „Molekularsiebe" technische Anwendung.

Hydroxide und Hydrate.

Der Wasserstoff kann in Kristallen sehr verschieden gebunden sein. Er kann z.B. in manchen Metallen gelöst werden, mit anderen Metallen hingegen bildet er stöchiometrische Hydride. Hat das Metall eine sehr kleine Elektronegativität (Alkalimetalle, Erdalkalimetalle, vgl. Tab. 22), so werden H^--Ionen gebildet, die sich am Aufbau ionarer Hydridkristalle, wie LiH und CaH_2 beteiligen. Viel wichtiger sind jedoch Verbindungen, in denen der Wasserstoff im wesentlichen kovalent gebunden ist. Hierher gehören alle H-haltigen Verbindungen der organischen Chemie, z.B. die Kohlenwasserstoffe, ferner die Borwasserstoffe usw. Hier sollen nur die Hydroxide, Verbindungen mit OH-Gruppen, und die Hydrate, Kristalle mit H_2O-Molekülen, näher behandelt werden.

Der O—H-Abstand in der Hydroxylgruppe liegt etwas unter 1,0 Å und variiert in den verschiedenen Verbindungen nicht sehr stark. Die OH-Gruppe kann ein Ion $(OH)^-$ mit einem permanenten Dipol bilden. Dann verhält sie sich kristallchemisch ähnlich wie das leicht polisierbare Cl^-, z.B. enthalten die Kristalle von $Mg(OH)_2$ zweidimensional unbegrenzte $\overset{2}{\infty}Mg^{[6]}(OH)_2$-Schichten, ganz analog den $\overset{2}{\infty}Mg^{[6]}Cl_2$-Schichten in $MgCl_2$ (vgl. Abb. 36). In solchen Substanzen ist immer die Sauerstoff-Seite der Hydroxylgruppe den Metallionen zugewandt. Der Sauerstoff der OH-Gruppe vermag jedoch auch eine kovalente Bindung einzugehen, wie z.B. weitgehend in $H_2SO_4[=O_2S(OH)_2]$, $HNO_3[=O_2N(OH)]$, usw. anzunehmen ist.

Der Wasserstoff der Hydroxylgruppe kann mit einem benachbarten elektronegativen Atom (bzw. Ion) eine schwache chemische Bindung eingehen, wobei zwischen dem Sauerstoff der OH-Gruppe und diesem Atom ein gegenüber der sonstigen kristallchemischen Erfahrung verkürzter Abstand auftritt; man nennt eine solche Atomkonfiguration eine Wasserstoffbrücke. So ist der Abstand zweier Sauerstoffe, die nicht derselben Koordination eines Atoms angehören (und schon gar nicht gemeinsame Kante zweier Koordinationsfiguren sind) größer als 3,0 Å. Tritt zwischen zwei solchen Sauerstoffen jedoch eine Wasserstoffbrücke auf, so wird der O—O-Abstand oft auf $\sim$ 2,7 Å verkürzt, bisweilen sogar bis auf 2,5 Å. Der Wasserstoff liegt dabei nahe der Verbindungslinie der beiden Sauerstoffe. Ein typisches Beispiel liefert der Diaspor, $Al^{[6]}O(OH)rh$ (Abb. 83); die Länge der O—H. . . O-Brücke ist hier 2,65 Å. Wasserstoffbrücken spielen auch in Kristallen organischer und biologisch wichtiger Substanzen eine große Rolle (vgl. Abb. 62).

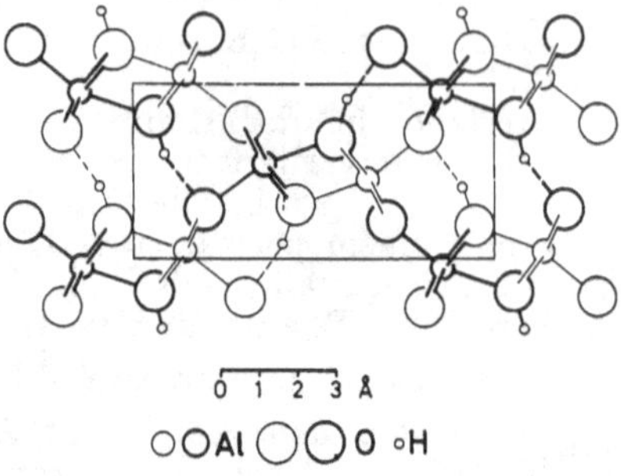

Abb. 83. Diaspor, $Al^{[6]}O(OH)rh$; $a_0 = 4{,}40$ Å, $b_0 = 9{,}43$ Å, $c_0 = 2{,}84$ Å. Projektion parallel [001]. Die stark und die schwach gezeichneten Atome unterscheiden sich in der Höhe um 1,42 Å.

In den Hydraten findet man H_2O-Moleküle, die von ganz kleinen Verzerrungen abgesehen, dieselbe Gestalt wie im Wasserdampf und im flüssigen Wasser haben; sie sind gewinkelt ($\sphericalangle$ HOH $\sim 105^0$, O—H $\sim 0,96$ Å) und besitzen ein Dipolmoment. Deshalb werden sie im stark inhomogenen elektrischen Feld der Kationen von diesen angezogen und lagern sich mit dem Sauerstoff an das Kation. So entstehen $[Me(H_2O)_n]^{m+}$ Komplexe wie $[Mg(H_2O)_6]^{2+}$ oder $[Al(H_2O)_6]^{3+}$. Das Wasser in Kristallen muß jedoch nicht unbedingt an die Kationen koordiniert sein. Ein seit langem bekanntes Beispiel dafür ist $Mg[SO_4] \cdot 7H_2O$. In diesem Magnesiumsulfat-Hydrat umgeben sechs H_2O-Moleküle das Mg^{2+}-Ion oktaedrisch, während das siebente nur von H_2O- bzw. O-Atomen der SO_4-Gruppe umgeben ist; die Strukturformel lautet deshalb $[Mg(H_2O)_6] \cdot [SO_4] \cdot H_2O$rh. Die Wasserstoffe des H_2O-Moleküls sind ebenso zur Wasserstoffbrücken-Bindung befähigt wie in der Hydroxyl-Gruppe.

Einen extremen Fall der Wasserstoffbrücken-Bindung stellt das Eis dar. Von den mehr als einem halben Dutzend bekannten Modifikationen ist in Abb. 84 die Atomanordnung des bei weitem wichtigsten Falles, des gewöhnlichen Eises, dargestellt. Alle H-Atome bilden Wasserstoffbrücken zu Sauerstoffen benachbarter H_2O-Moleküle, was dazu führt, daß jeder Sauerstoff von vier anderen tetraedrisch umgeben ist (sofern man H vernachlässigt) und die Struktur sehr sperrig gebaut ist. Die Ursache für die Dichteanomalie des (gewöhnlichen) Eises, welches eine geringere Dichte als das flüssige Wasser bei 0^0C hat, ist also letztlich in der Ausbildung des vollständigen Wasserstoffbrücken-Verbandes beim Gefrieren zu sehen. Ein charakteristischer Zug der Atomanordnung des gewöhnlichen Eises ist ferner, daß man nur für die O-Atome eine Elementarzelle angeben kann; die Anordnung der H_2O-Moleküle als ganze ist nicht streng periodisch sondern entspricht Abb. 84. Eine ähnliche O r i e n t i e r u n g s - U n o r d n u n g der H_2O-Moleküle findet man bisweilen auch in Hydraten (z. B. im $Na_2[SO_4] \cdot 10 H_2O$), in der weitaus überwiegenden Anzahl der Fälle sind sie jedoch auch unter Einschluß der H-Atome streng periodisch aufgebaut.

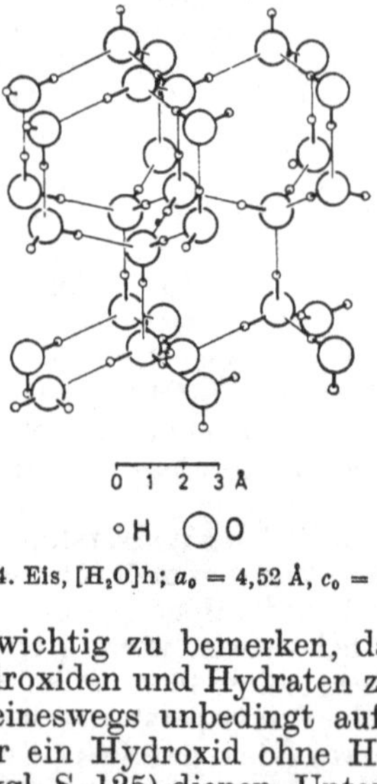

Abb. 84. Eis, $[H_2O]h$; $a_0 = 4{,}52$ Å, $c_0 = 7{,}37$ Å.

Es ist noch wichtig zu bemerken, daß Wasserstoffbrücken in Hydroxiden und Hydraten zwar sehr häufig sind, jedoch keineswegs unbedingt auftreten müssen. Als Beispiel für ein Hydroxid ohne H-Brücken möge das $Mg(OH)_2$ (vgl. S. 125) dienen. Unter den Hydraten ist für das $Mg[SO_4] \cdot 4 H_2O$ mit Sicherheit belegt, daß von den acht Wasserstoff-Atomen der Formeleinheit nur sieben Wasserstoffbrücken O—H...O bilden.

Die Struktur der meisten kristallisierten Hydrate bricht zusammen, wenn man das Wasser ganz oder auch nur teilweise austreibt — z. B. durch Erhitzen. In einer Reihe von Fällen, namentlich den H_2O-haltigen Gerüstsilikaten (Zeolithe, vgl. S. 124) ist das Wasser jedoch nur locker an den Rest der untereinander fest verknüpften Baueinheiten gebunden, etwa analog der Adsorption an der Oberfläche von Festkörpern, aber mit dem

Unterschied, daß nun die Adsorption an den Wänden von Hohlräumen und Kanälen molekularer Dimensionen auftritt — vergleichbar mit einem Schwamm, dessen Poren einen Durchmesser von einigen Å haben.

Neben dem H_2O-Molekül und dem OH^--Ion ist noch das Hydroxonium-Ion H_3O^+ zu erwähnen, das die Gestalt einer flachen trigonalen Pyramide (wie das Ammoniak-Molekül H_3N) hat. Es tritt in Hydraten von Säuren auf; z.B. muß man das Monohydrat der Perchlorsäure ($HClO_4 \cdot H_2O$) seiner Struktur nach $H_3O \cdot [ClO_4]$ schreiben.

Sulfide.

Die Kristallstrukturen der Sulfide unterscheiden sich von denen der Oxide oft beträchtlich, da 1. Raumbeanspruchung und Polarisierbarkeit von Schwefel beträchtlich größer als von Sauerstoff sind und 2. die Elektronegativität des Schwefels deutlich kleiner als diejenige des Sauerstoffs ist (vgl. Tab. 16 u. Tab. 22). Der Schwefel verhält sich zu Sauerstoff kristallchemisch folglich vielfach ähnlich wie Chlor zu Fluor; es ist jedoch die ganze Gruppe der Chalkogenide weniger elektronegativ als die der Halogenide, und deshalb ist die Tendenz zu kovalenter Bindung größer.

Die Atomanordnung in Verbindungen des Schwefels mit wenig elektronegativen Elementen entspricht auch sonst bei Ionenkristallen auftretenden Typen. So kristallisiert z.B. das Na_2S wie das Na_2O im „Antifluorit"-Typ, d.h. die Atomanordnung entspricht dem CaF_2 (Abb. 48), aber auf der Position der Ca^{2+}-Ionen sitzen jetzt die negativen S^{2-}-Ionen und auf der Position der F^--Ionen die positiven Na^+-Ionen. Vertreter des NaCl-Typs unter den ionaren Sulfiden sind MgS, CaS, SrS und BaS.

Typische Unterschiede zwischen Oxiden und Sulfiden zeigen sich besonders bei den Übergangselementen. Das soll hier nur an den Beispielen des Eisens und des

Molybdäns erläutert werden. Das Eisen bildet die Oxide FeO (Wüstit; wegen der Abweichung von der idealen Formel vgl. S. 107), Fe_2O_3 (Hämatit) und Fe_3O_4 (Magnetit). Alle drei kann man geometrisch in erster Näherung als Dichtestpackung von Sauerstoffionen beschreiben (für Wüstit und Magnetit kub. Dichtestpackung, für Hämatit hex. Dichtestpackung), in welcher im FeO alle und im Fe_2O_3 zwei Drittel der Oktaederlücken besetzt sind — im Fe_3O_4 zugleich die Hälfte der oktaedrischen Lücken und ein Achtel der tetraedrischen, also: $Fe_2^{[6]}Fe^{[4]}O_4$ k*). An Eisensulfiden kennt man mehrere der genauen oder ungefähren Formel FeS, zwei weniger wichtige der Formel Fe_3S_4 und das sehr wichtige FeS_2 in zwei Modifikationen; ein Eisensulfid der Formel Fe_2S_3 ist hingegen kristallisiert nicht bekannt. Eisensulfide der ungefähren Formel FeS kennt man in zwei wesentlich voneinander verschiedenen Strukturtypen. In der erst vor kurzem entdeckten tetragonalen Modifikation sind die Atome entsprechend der kristallchemischen Formel $\overset{2}{\infty}Fe^{[4]}S^{[4]}$t angeordnet (Koordinationsfigur um Fe: Tetraeder, um S: tetragonale Pyramide). Der andere bei weitem wichtigere Typ ist jener des NiAs (Abb. 26, vgl. auch S. 75), in dem sowohl stöchiometrisches FeS wie $Fe_{1-x}S$ (mit $0 \leqslant x < \sim 0.1$) bei Temperaturen über 360° C kristallisieren. Bei Zimmertemperatur treten kleine Abweichungen von diesem Typ auf. Fe_3S_4 kennt man sowohl in der Atomanordnung des Fe_3O_4 wie in einem NiAs-Typ, in dem ein Viertel der Ni-Positionen in geordneter Weise unbesetzt bleibt. Besonders auffällig ist, daß bei den Eisensulfiden das FeS_2 eine sehr große Rolle spielt, während ein FeO_2 unbekannt ist. Das Eisendisulfid tritt in zwei Modifikationen auf: als das sehr verbreitete Mineral Pyrit, $Fe^{[6]}[S_2]$k (Abb. 76) und als Markasit $Fe^{[6]}[S_2]$rh. Interessant ist, daß beide Modifikationen S_2-Hantel mit einem

*) Der Magnetit ist einer der zahlreichen Vertreter des Spinell-Typs; namengebend für diesen Typ ist $Al_2^{[6]}Mg^{[4]}O_4$k.

interatomaren Abstand etwa wie im elementaren Schwefel (Abb. 53) enthalten; dort mißt der S—S-Abstand 2,06 Å, in Pyrit ist er 2,14 Å, in Markasit 2,21 Å. Alle Eisensulfide sind opak; Pyrit und Markasit haben Messingglanz, die anderen sind bronzefarben — soweit sie darauf untersucht sind, zeigen sie Halbleitereigenschaften.

Von den Molybdänoxiden und -sulfiden sollen nur MoO_2 und MoS_2 (als Mineral Molybdänit oder Molybdänglanz) einander gegenübergestellt werden. Die Atomanordnung des MoO_2 entspricht prinzipiell dem Rutil-Typ (Abb. 24). Es treten jedoch Verzerrungen auf, so daß die Metall—Metall-Abstände in den Oktaederketten, die im unverzerrten Rutil-Typ gleich der Gitterkonstante c_0 sind, abwechselnd kürzer und länger werden, nämlich $\sim$2,50 Å, bzw. $\sim$3,10 Å. Den verkürzten Mo—Mo-Abstand muß man wohl als schwache intermetallische Bindung interpretieren (vgl. S. 93). Das MoS_2 hat einen prinzipiell anderen Aufbau — es bildet nämlich eine Schichtstruktur $\overset{2}{\infty}Mo^{[6]}S_2h$. Gegenüber den Schichtstrukturen der Dihalogenide tritt jedoch ein wesentlicher Unterschied auf. Während nämlich dort die Koordination um die Metalle oktaedrisch ist, findet man im Molybdänsulfid das Mo von sechs S-Atomen in Gestalt eines trigonalen Prismas koordiniert. Die MoS_6-Prismen verknüpfen sich über je drei Kanten zu $\overset{2}{\infty}Mo^{[6]}S_2$-Schichten (Abb. 85). MoS_2 ist ebenso wie die Eisensulfide opak mit Metallglanz. Es ist weich, blättrig und ähnelt in seinen äußeren Eigenschaften etwas grobblättrigem Graphit.

Abschließend sollen noch die Arsen- und Antimonsulfide behandelt werden. Bereits in dem Kapitel über kovalente Bindung wurde auf S. 87 erwähnt, daß die kub. Modifikation des As_2O_3 aus Molekülen $As_4^{[3]}O_6^{[2As]}$ aufgebaut ist; analoges gilt für die kubische Modifikation von Sb_2O_3. As_2S_3 und Sb_2S_3 sind nicht in solchen Molekülstrukturen bekannt. Im As_2S_3 (Auripigment) besitzt das Arsen zwar ebenfalls eine trigonal pyramidale Koordination; jedes Schwefelatom verknüpft jedoch zwei AsS_3-Pyramiden so, daß eine Schichtstruktur $^{2}_{\infty}As_2^{[3]}S_3^{[2S]}$ m entsteht. Ähnlich ist übrigens das monokline As_2O_3 aufgebaut. Das Arsensulfid AsS (Realgar)

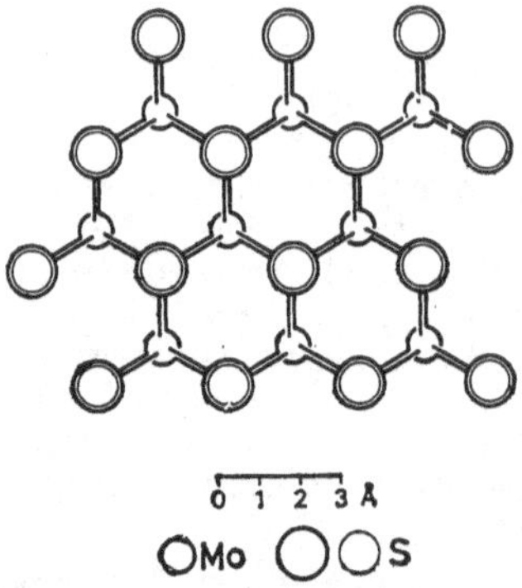

Abb. 85. $^{2}_{\infty}Mo^{[6]}S_2$-Schicht. Die übereinanderliegenden S-Atome unterscheiden sich in der Höhe um 3,15 Å.

enthält hingegen As_4S_4-Moleküle (Abb. 86), in welchen offenbar nicht nur zwischen As und S, sondern auch zwischen benachbarten As-Atomen Elektronenpaar-Bindung herrscht; die Strukturformel lautet:

$$[As_4^{[2S+1As]}S_4^{[2As]}] \text{ m.}$$

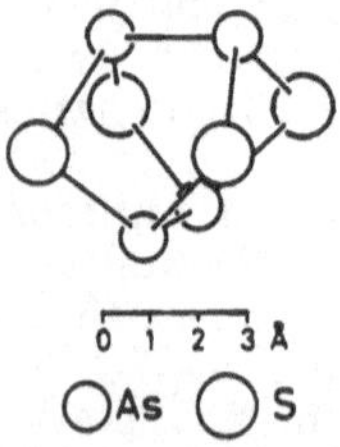

Abb. 86. $[As_4^{[2S+1As]}S_4^{[2As]}]$-Molekül aus Realgar.

— Der Schritt vom Arsen zum Antimon bewirkt eine deutliche Änderung der Kristallchemie. As_2S_3 ist gelb durchsichtig, Sb_2S_3 (als Mineral: Antimonit) hingegen opak, was schon auf andere Bindungsverhältnisse hindeutet. Die Struktur ist in Abb. 87 dargestellt. Es ist zwar noch eine deutliche Tendenz zu pyramidaler 3-Koordination um Sb vorhanden, wobei $\overset{1}{\infty}Sb_2^{[3]}S_3$-Bänder mit Sb—S-Abständen zwischen 2,49 Å und 2,68 Å gebildet werden; dennoch treten charakteristische Unterschiede gegenüber As_2S_3 auf. Zunächst sind unter Berücksichtigung nur der „kurzen" Sb—S-Abstände (d.h. jener zwischen 2,49 u. 2,68 Å) nicht alle Schwefelatome von zwei Antimon

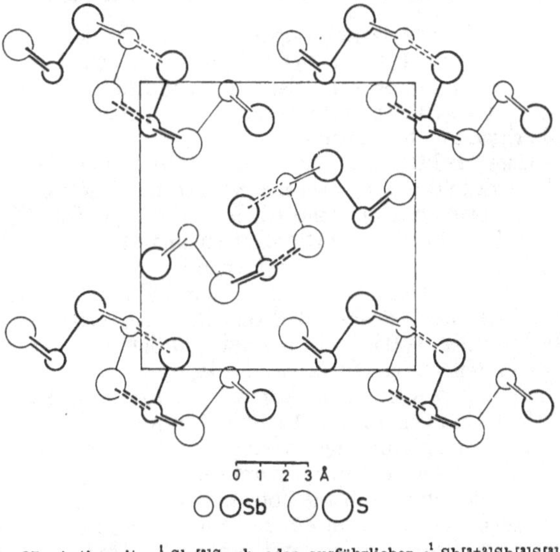

Abb. 87. Antimonit, $\overset{1}{\infty}Sb_2^{[3]}S_3$ rh oder ausführlicher $\overset{1}{\infty}Sb^{[3+2]}Sb^{[3]}S^{[3]}S^{[2]}S^{[1+2]}$rh; $a_0 = 11{,}25$ Å, $b_0 = 11{,}33$ Å, $c_0 = 3{,}84$ Å. Projektion parallel [001]. Die stark und die schwach gezeichneten Atome unterscheiden sich in der Höhe um 1,92 Å. Sb-S-Abstände unter 2,70 Å voll gezeichnet, mit 2,82 Å gestrichelt.

koordiniert, wie man das in Analogie zu As_2S_3 erwarten würde, sondern je ein Drittel der S-Atome hat einen, zwei und drei Sb-Atome als nächste Nachbarn. Ferner gibt es um die Sb weitere S-Nachbarn, die z.T. nicht viel weiter entfernt sind als die drei nächsten. Für die eine Hälfte der Sb messen zwei weitere Sb—S-Abstände 2,82 Å und einer 3,33 Å — die andere Hälfte hat zwei S-Nachbarn in 3,15 Å und je einen in 3,20 Å bzw. 3,60 Å.

VIII. Der Realbau der Kristalle und seine kristallchemische Bedeutung

Auf S. 12 wurde angegeben, daß ein idealer Kristall einen dreidimensional periodischen Aufbau hat. Die Gesetzmäßigkeiten in der Atomanordnung solcher idealer Kristalle bildeten den wesentlichen Inhalt der bisherigen Ausführungen.

Dieses Bild entspricht einem wirklichen Kristall jedoch nur in einer gewissen Näherung. Eine der möglichen Abweichungen sind die Mischkristalle (S. 64ff. u. S. 106ff.). Die Substitutionsmischkristalle entsprechen dabei dem Bild eines idealen Kristalles relativ gut; allerdings ist in ihnen (mindestens) eine Punktlage durch zwei (oder auch mehrere) Atom- bzw. Ionenarten mehr oder minder statistisch besetzt. Haben die einander ersetzenden Strukturbestandteile eine verschiedene Raumbeanspruchung, so kommt es in ihrer Umgebung zu Verzerrungen in der Atomanordnung und damit zu Abweichungen von der strengen Periodizität. Größer sind die Abweichungen vom Idealkristall bei den Additions- und Subtraktionsmischkristallen, da hier gewisse Gitterplätze in einem Teil der Elementarzellen besetzt und in dem anderen unbesetzt sind — davon abgesehen hat man hier größere Verzerrungen als bei den Substitutionsmischkristallen zu erwarten.

Thermisch bedingte Fehlstellen.

Abweichungen von der strengen Periodizität treten jedoch auch in stöchiometrisch zusammengesetzten Kristallen (z.B. NaCl) auf. Eine der Abweichungen rührt von den thermischen Schwingungen her. Da sich nicht alle Partikel des Kristalls in Phase bewegen, wird für den momentanen Zustand die Forderung nach strenger Periodizität verletzt; sie gilt nur für die Schwingungsmittelpunkte der den Kristall aufbauenden Atome bzw. Ionen.

Chemisch von viel größerer Bedeutung ist, daß jeder Kristall oberhalb des absoluten Nullpunktes notwendigerweise Fehlstellen enthält, da durch die thermische Energie ein (kleiner) Teil der Strukturbestandteile aus ihren normalen Lagen entfernt wird. Zwei wichtige Typen sind zu unterscheiden:

1. Schottky-Fehlstellen. Bei Elementen ist eine Schottky-Fehlstelle nichts anderes als ein fehlendes Atom in der Struktur (vgl. Abb. 88a). Dasselbe gilt prinzipiell auch für Verbindungen; hier ist allerdings zu beachten, daß die chemische Zusammensetzung des fehlgeordneten Kristalles genau die gleiche wie die des ideal geordneten sein muß. Deshalb muß das Verhältnis der unbesetzten Stellen der einzelnen Atom- bzw. Ionenarten der chemischen Formel entsprechen (vgl. Abb. 88b).

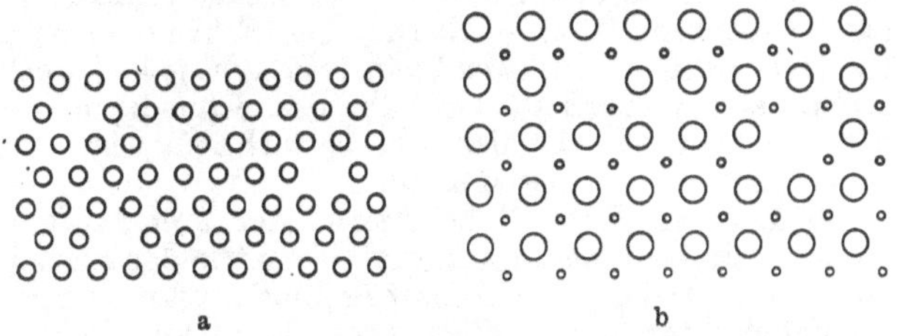

Abb. 88. Schottky-Fehlstellen in 2-dimensional periodischen Anordnungen. a) Eine Art von Partikeln. b) Zwei Arten von Partikeln (Formeltyp AB).

2. Frenkel-Fehlstellen. Auch hier sind normale Strukturplätze unbesetzt; die dort fehlenden Partikel befinden sich jedoch in anderen, energetisch nicht allzu

ungünstigen Lücken der Atomanordnung (vgl. Abb. 89). In einer Verbindung können Frenkel-Fehlstellen (im Gegensatz zu Schottky-Fehlstellen) ohne weiteres nur für eine der Atom- bzw. Ionenarten auftreten.

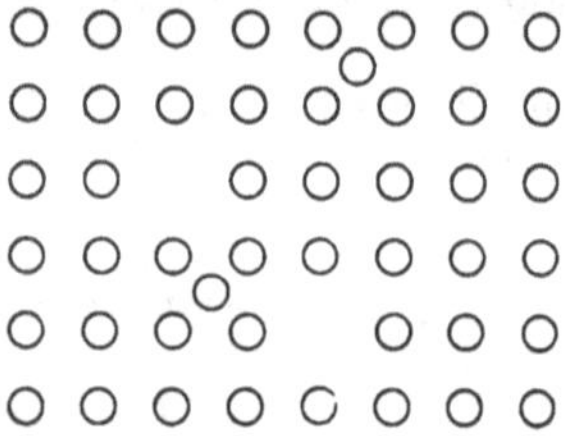

Abb. 89. Frenkel-Fehlstellen in einer 2-dimensional periodischen Anordnung einer Atomart.

Die Konzentration an Fehlstellen, die mit dem Kristall im thermischen Gleichgewicht stehen, steigt mit der Temperatur zwar stark an, sie ist jedoch meist sehr klein. Bei den Alkalihalogeniden kann man z.B. abschätzen, daß erst in der Nähe des Schmelzpunktes eine Schottky-Fehlstelle auf größenordnungsmäßig 10.000 geordnete Plätze entfällt; bei Zimmertemperatur ist die Konzentration an thermischen Fehlstellen noch um viele Größenordnungen kleiner. Es gibt jedoch auch Kristalle, bei denen in der Nähe des Schmelzpunktes die Anzahl der Fehlstellen sehr beträchtlich wird und selbst 10% überschreiten kann.

Ob in einem Kristall Schottky- oder Frenkel-Fehlstellen auftreten, hängt von der Geometrie der speziellen Struktur und den chemischen Bindungskräften ab. In heteropolaren Kristallen vom NaCl-Typ, die aus relativ schwach polarisierbaren Ionen aufgebaut sind, hat man nach theoretischen Abschätzungen ein starkes Überwiegen der Schottky-Fehlstellen anzunehmen. Da (unter Vernachlässigung der Strukturdeformationen) Schottky-Fehlstellen eine Verringerung der Dichte des Kristalls bewirken, Frenkel-Fehlstellen hingegen nicht, kann man in Fällen starker Fehlordnung aus Dichtemessungen entscheiden, welcher Fall hauptsächlich vorliegt. Zum Beispiel kann man für AgBr in der Nähe des Schmelzpunktes aus dem elektrischen Leitvermögen eine Leerstellenkonzentration von $\sim 15\%$ abschätzen; da die Dichtebestimmung auf keine Verringerung des Zellinhaltes gegenüber dem voll geordneten Kristall hinweist, muß man schließen, daß hier überwiegend Frenkel-Fehlstellen auftreten.

Diffusion und Reaktionen im festen Zustand.

Fehlstellen spielen vor allem deshalb eine große Rolle in der Kristallchemie, weil durch sie die Beweglichkeit der Strukturbestandteile im Vergleich zum voll geordneten Kristall sehr erhöht wird und damit Diffusion sowie Reaktionen im festen Zustand ermöglicht werden. Für diese Prozesse ist Voraussetzung, daß die einzelnen Partikel nicht nur um ihre ideale Lage schwingen, sondern daß auch Platzwechsel möglich ist.

Zur Erläuterung diene zunächst ein besonders einfacher Fall, die Diffusion im festen Zustand im System Ag—Au. Preßt man zwei (üblicherweise polykristalline) Stücke von metallischem Silber und Gold aufeinander und erhitzt dann — aber auf Temperaturen, bei denen mit Sicherheit keine Schmelze auftritt —, so wandert nach und nach Silber in das Gold und umgekehrt Gold in das Silber ein und es bilden sich Mischkristalle (vgl. Abb. 37). Dazu ist offenbar notwendig, daß die Atome nicht nur um ihre Ruhelage schwingen, sondern daß auch Platzwechselvorgänge stattfinden können. Ein Platzwechsel zwischen benachbarten Atomen ist bei idealer Atomanordnung energetisch sehr unwahrscheinlich, eher ist einer Fortbewegung von Atomen durch Ringtausch denkbar. Alle Schwierigkeiten sind aber behoben, sobald Schottky-Fehlstellen auftreten (vgl. Abb. 88). Es ist nämlich beim Sprung eines benachbarten Atoms auf die Fehlstelle keine hohe Energieschwelle zu überwinden. Mit dem Vollzug dieses Sprunges hat aber die Fehlstelle mit diesem Atom den Platz getauscht und einer der neuen Nachbarn kann leicht die jetzige Position der Schottky-Fehlstelle erreichen.

Reaktionen im festen Zustand laufen zwar viel langsamer ab, als die meisten im flüssigen oder gasförmigen Zustand, und sie sind deshalb auch weniger auffällig. Dennoch sind sie sowohl grundsätzlich sehr interessant, wie z.T. auch technisch wichtig. Hier möge nur ein einziges Beispiel behandelt werden, die Reaktion $2Ag_{fest} + S_{fl} = Ag_2S_{fest}$. Diese Reaktion enthält zwar eine flüssige Phase; sie ist jedoch gut untersucht und zeigt das Wesentliche sehr klar. Die Versuchsanordnung ist in Abb. 90 wiedergegeben. Hält man die Temperatur

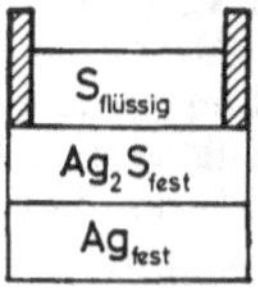

Abb. 90. Versuchsanordnung zur Reaktion $2Ag + S = Ag_2S$ (schematisch).

längere Zeit auf $\sim 220^0$C, so vermehrt sich die Menge des Ag_2S, und zwar entsteht es dauernd an der Grenzfläche Ag_2S/S und nicht auch an der Grenzfläche Ag/Ag_2S. Das ist nur so zu erklären, daß Silber an der Grenzfläche gegen Silbersulfid in diese Phase eintritt und nach der anderen Grenzfläche wandert, während die S-Atome im Ag_2S ihren Platz behalten — das heißt, daß Silber durch das Silbersulfid wandert. Die Strukturuntersuchung des Ag_2S läßt dieses Verhalten verstehen. Während das Ag_2S nämlich bei Temperaturen unter 179^0C eine (monokline) Struktur mit (zumindest praktisch) vollständiger Besetzung der Punktlagen bildet, kristallisiert es über dieser Temperatur kubisch mit einem Zellinhalt von Ag_4S_2. In dieser Hochtemperatur-Modifikation besetzen die S-Atome die Ecken und das Zentrum der Elementarzelle; die Ag-Atome sind über den verbleibenden Raum mehr oder minder gleichmäßig verteilt, d.h. sie haben einen extrem hohen Fehlordnungsgrad. Da im monoklinen Ag_2S die S-Atome ebenfalls fast eine kubisch-innenzentrierte Atomanordnung mit ähnlichen S—S-Abständen bilden, so kann man das Entstehen der Hochtemperatur-Modifikation auch als „partielles Schmelzen“ der Substanz unter Erhalt der 3-dimensional periodischen Anordnung der S-Teilstruktur auffassen.

Mosaikbau. Versetzungen. Stapelfehler.

Neben den thermisch bedingten Fehlstellen gibt es in Kristallen eine Reihe weiterer Abweichungen von der strengen Periodizität, von denen einige noch kurz erwähnt werden sollen.

Schon bald nach Beginn der Erforschung von Kristallstrukturen mit Röntgenstrahlen erkannte man, daß die Intensitäten der abgebeugten Strahlen nicht den theoretischen Erwartungen für einen ideal geordneten Kristall entsprechen, und zwar meist auch dann nicht, wenn man makroskopisch und mikroskopisch völlig einwandfreies Material verwendet. Man muß vielmehr annehmen, daß strenge Periodizität nur in sehr kleinen Bereichen herrscht und daß diese leicht gegeneinander verkantet sind: Mosaikbau.

Solche Abweichungen vom Idealkristall spielen für eine Reihe von Eigenschaften eine große Rolle. In den letzten Jahren hat sich gezeigt, daß davon die Versetzungen für das mechanische Verhalten und für das Kristallwachstum besonders wichtig sind. Man unterscheidet Stufenversetzungen und Schraubenversetzungen. Bei ersteren endet eine Netzebene innerhalb des Kristalls, bei letzteren sind die „Netzebenen“ nicht völlig plan, sondern sie spiralen sich um eine Linie Wendeltreppen-förmig hoch. Die Schraubenversetzungen erlauben ein Kristallwachstum bei viel kleineren Übersättigungen, als bei der Stoffanlagerung an eine völlig ideal ausgebildete Kristallfläche.

Zum Schluß sei noch auf die Stapelfehlordnung hingewiesen, die man vor allem bei Schichtkristallen, aber auch z. B. beim Element Kobalt findet, von dem schon auf S. 108 angegeben wurde, daß es in den beiden Modifikationen $Co^{[12]}k$ (kub. Dichtestpackung) und $Co^{[12]}h$ (hexagonale Dichtestpackung) vorkommt; ersterer entspricht die Stapelfolge ABCABC..., letzterer die Folge ABABAB...). Es kommt nun bei Kobalt vor, daß sich die beiden Stapelfolgen unregelmäßig abwechseln, was zu Schichtfolgen wie ABCABCABABCBACBAB... führt. Eine solche Stapelung zweidimensional dichtest gepackter Kugelschichten widerspricht der eingangs (S. 12) gegebenen Definition eines Kristalls, obwohl der Ordnungszustand viel höher ist als in einer Flüssigkeit oder in einem Gas.

Formelregister

Personen- und Sachregister

SAMMLUNG GÖSCHEN

GESAMTVERZEICHNIS

Jeder Band DM 3,60 · Doppelband DM 5,80
Dreifachband DM 7,80

Frühjahr 1966

WALTER DE GRUYTER & CO · BERLIN 30

Inhaltsübersicht

Geisteswissenschaften

Philosophie

Einführung in die Philosophie von *H. Leisegang* †. 5. Auflage. 146 Seiten. 1963. (281)

Hauptprobleme der Philosophie von *G. Simmel* †. 8., unveränderte Auflage. 177 Seiten. 1964. (500)

Geschichte der Philosophie

I: Die griechische Philosophie von *W. Capelle*. 1. Teil. Von Thales bis Leukippos. 3., erweiterte Auflage. Etwa 135 Seiten. 1966. (857)

II: Die griechische Philosophie von *W. Capelle*. 2. Teil. Von der Sophistik bis zum Tode Platons. 3., stark erweiterte Auflage. Etwa 144 Seiten. 1966. In Vorbereitung (858)

III: Die griechische Philosophie von *W. Capelle*. 3. Teil. Vom Tode Platons bis zur Alten Stoa 2., stark erweiterte Auflage. 132 Seiten. 1954. (859)

IV: Die griechische Philosophie von *W. Capelle*. 4. Teil. Von der Alten Stoa bis zum Eklektizismus im 1. Jh. v. Chr. 2., stark erweiterte Auflage. 132 Seiten 1954. (863)

V: Die Philosophie des Mittelalters von *J. Koch*. In Vorbereitung. (826)

VI: Von der Renaissance bis Kant von *K. Schilling*. 234 Seiten. 1954. (394/394a)

VII: Immanuel Kant von *G. Lehmann*. In Vorbereitung. (536)

VIII: Die Philosophie des 19. Jahrhunderts von *G. Lehmann*. 1. Teil. 15 Seiten. 1953. (571)

IX: Die Philosophie des 19. Jahrhunderts von *G. Lehmann*. 2. Teil. 168 Seiten. 1953. (709)

X: Die Philosophie im ersten Drittel des 20. Jahrhunderts 1. Teil von *G. Lehmann*. 128 Seiten. 1957. (845)

XI: Die Philosophie im ersten Drittel des 20. Jahrhunderts 2. Teil von *G. Lehmann*. 114 Seiten. 1960. (850)

Die geistige Situation der Zeit (1931) von *K. Jaspers*. 6. Abdruck der im Sommer 1932 bearbeiteten 5. Auflage. 211 Seiten. 1965. (1000)

Erkenntnistheorie von *G. Kropp*.
1. Teil: Allgemeine Grundlegung. 143 Seiten. 1950. (807)

Formale Logik von *P. Lorenzen*. 3., verbesserte Auflage. Etwa 165 Seiten. 1966. (1176/1176a)

Philosophisches Wörterbuch von *M. Apel* †. 5., völlig neu bearbeitete Auflage von *P. Ludz*. 315 Seiten. 1958. (1031/1031 a)

Philosophische Anthropologie. Menschliche Selbstdeutung in Geschichte und Gegenwart von *M. Landmann*. 2., durchgesehene Auflage. 223 Seiten. 1964. (156/156a)

Pädagogik, Psychologie, Soziologie

Geschichte der Pädagogik von *Herm. Weimer* 17. Auflage von *Heinz Weimer*. 184 Seiten. 1966. (145/145a)

Therapeutische Psychologie. Ihr Weg durch die Psychoanalyse von *W. M. Kranefeldt*. Mit einer Einführung von *C. G. Jung*. 3. Auflage. 152 Seiten. 1956. (1034)

GEISTESWISSENSCHAFTEN

Allgemeine Psychologie von *Th. Erismann* †. 4 Bände.
I: Grundprobleme. 3. Auflage. 146 Seiten. 1965. (831)
II: Grundarten des psychischen Geschehens. 2., neubearbeitete Auflage. 248 Seiten. 1959. (832/832a)
III: Experimentelle Psychologie und ihre Grundlagen. 1. Teil. 2., neubearbeitete Auflage. 112 Seiten, 7 Abbildungen. 1962. (833)
IV: Experimentelle Psychologie und ihre Grundlagen. 2. Teil. 2., neubearbeitete Auflage. 199 Seiten, 20 Abbildungen. 1962. (834/834a)

Soziologie. Geschichte und Hauptprobleme von *L. von Wiese*. 7. Auflage. 176 Seiten. 1964. (101)

Ideengeschichte der sozialen Bewegung des 19. und 20. Jh. von *W. Hofmann*. 243 Seiten. 1962. (1205/1205a)

Sozialpsychologie von *P. R. Hofstätter*. 2. Auflage. 191 Seiten, 18 Abbildungen. 1964. (104/104a)

Psychologie des Berufs- und Wirtschaftslebens von *W. Moede* †. 190 Seiten, 48 Abbildungen. 1958. (851/851a)

Industrie- und Betriebssoziologie von *R. Dahrendorf*. 3. Auflage. 142 Seiten. 3 Figuren. 1965. (103)

Wirtschaftssoziologie von *F. Fürstenberg*. 122 Seiten. 1961. (1193)

Einführung in die Sozialethik von *H.-D. Wendland*. 144 S. 1963. (1203)

Religion

Jesus von *M. Dibelius* †. 3. Auflage, mit einem Nachtrag von *W. G. Kümmel*. 140 Seiten. 1960. (1130)

Paulus von *M. Dibelius* †. Nach dem Tode des Verfassers herausgegeben und zu Ende geführt von *W. G. Kümmel*. 3., durchgesehene Auflage. 156 Seiten. 1964. (1160)

Luther von *F. Lau*. 2., verbesserte und erweiterte Auflage. Etwa 170 Seiten. 1966. (1187)

Melanchthon von *R. Stupperich*. 139 Seiten. 1960. (1190)

Zwingli von *F. Schmidt-Clausing*. 119 Seiten. 1965. (1219)

Sören Kierkegaard. Leben u. Werk von *H. Gerdes*. 134 Seiten. 1966. (1221)

Einführung in die Konfessionskunde der orthodoxen Kirchen von *K. Onasch*. 291 Seiten. 1962. (1197/1197a)

Geschichte des christlichen Gottesdienstes von *W. Nagel*. 215 Seiten. 1962. (1202/1202a)

Geschichte Israels. Von den Anfängen bis zur Zerstörung des Tempels (70 n.Chr.) von *E. L. Ehrlich*. 2. Aufl. 1966. In Vorbereitung. (231/231a)

Römische Religionsgeschichte von *F. Altheim*. 2 Bände. 2., umgearbeitete Auflage.
I: Grundlagen und Grundbegriffe. 116 Seiten. 1956. (1035)
II: Der geschichtliche Ablauf. 164 Seiten. 1956. (1052)

Die Religion des Buddhismus von *D. Schlingloff*. 2 Bände.
I: Der Heilsweg des Mönchstums. 122 Seiten, 11 Abbildungen, 1 Karte. 1962. (174)
II: Der Heilsweg für die Welt. 129 Seiten, 9 Abbildungen, 1 Karte. 1963. (770)

Musik

Musikästhetik von *H. J. Moser*. 180 Seiten. Mit zahlreichen Notenbeispielen. 1953. (344)

Systematische Modulation von *R. Hernried*. 2. Auflage. 136 Seiten. Mit zahlreichen Notenbeispielen. 1950. (1094)

Der polyphone Satz von *E. Pepping*. 2 Bände.
I: Der cantus-firmus-Satz. 2. Auflage. 233 Seiten. Mit zahlreichen Notenbeispielen. 1950. (1148)
II: Übungen im doppelten Kontrapunkt und im Kanon. 137 Seiten. Mit zahlreichen Notenbeispielen. 1957. (1164/1164a)

Allgemeine Musiklehre von *H. J. Moser*. 2., durchgesehene Auflage. 155 Seiten. Mit zahlreichen Notenbeispielen. 1955. (220/220a)

Harmonielehre von *H. J. Moser*. 2 Bände.
I: 109 Seiten. Mit 120 Notenbeispielen. 1954. (809)
II: In Vorbereitung. (810)

Die Musik des 19. Jahrhunderts von *W. Oehlmann*. 180 Seiten. 1953. (170)

Die Musik des 20. Jahrhunderts von *W. Oehlmann*. 312 Seiten. 1961. (171/171a)

Technik der deutschen Gesangskunst von *H. J. Moser*. 3., durchgesehene und verbesserte Auflage. 144 Seiten, 5 Figuren sowie Tabellen und Notenbeispiele. 1954. (576/576a)

Die Kunst des Dirigierens von *H. W. von Waltershausen †*. 2., vermehrte Auflage. 138 Seiten. Mit 19 Notenbeispielen 1954. (1147)

Die Technik des Klavierspiels aus dem Geiste des musikalischen Kunstwerkes von *K. Schubert †*. 3. Auflage. 110 Seiten. Mit Notenbeispielen. 1954. (1045)

Kunst

Stilkunde von *H. Weigert*. 2 Bände. 3., durchgesehene und ergänzte Auflage.
I: Vorzeit, Antike, Mittelalter. 136 Seiten, 94 Abbildungen. 1958. (80)
II: Spätmittelalter und Neuzeit. 150 Seiten, 88 Abbildungen. 1958. (781)

Archäologie von *A. Rumpf*. 3 Bände.
I: Einleitung, historischer Überblick. 143 Seiten, 6 Abbildungen, 12 Tafeln. 1953. (538)
II: Die Archäologensprache. Die antiken Reproduktionen. 136 Seiten. 7 Abbildungen, 12 Tafeln. 1956. (539)
III: In Vorbereitung. (540)

Geschichte

Einführung in die Geschichtswissenschaft von *P. Kirn*. 4., durchgesehene Auflage. 127 Seiten. 1963. (270)

Einführung in die Zeitgeschichte von *B. Scheurig*. 101 Seiten. 1962. (1204)

GEISTESWISSENSCHAFTEN

Zeitrechnung der römischen Kaiserzeit, des Mittelalters und der Neuzeit für die Jahre 1—2000 n. Chr. von *H. Lietzmann †*. 3. Auflage, durchgesehen von *K. Aland*. 130 Seiten. 1956. (1085)

Kultur der Urzeit von *F. Behn*. Bände. 4. Auflage der Kultur der Urzeit Bd. 1—3 von *M. Hoernes*.

I: Die vormetallischen Kulturen. (Die Steinzeiten Europas. Gleichartige Kulturen in anderen Erdteilen.) 172 Seiten, 48 Abbildungen. 1950. (564)

II: Die älteren Metallkulturen. (Der Beginn der Metallbenutzung, Kupfer- und Bronzezeit in Europa, im Orient und in Amerika.) 160 Seiten, 67 Abbildungen. 1950. (565)

III: Die jüngeren Metallkulturen. (Das Eisen als Kulturmetall, Hallstatt-Latene-Kultur in Europa. Das erste Auftreten des Eisens in den anderen Weltteilen.) 149 Seiten, 60 Abbildungen. 1950. (566)

Vorgeschichte Europas von *F. Behn*. Völlig neue Bearbeitung der 7. Auflage der „Urgeschichte der Menschheit" von *M. Hoernes*. 125 Seiten, 47 Abbildungen. 1949. (42)

Der Eintritt der Germanen in die Geschichte von *J. Haller †*. 3. Auflage, durchgesehen von *H. Dannenbauer*. 120 Seiten, 6 Kartenskizzen. 1957. (1117)

Von den Karolingern zu den Staufern. Die altdeutsche Kaiserzeit (900—1250) von *J. Haller †*. 4., durchgesehene Auflage von *H. Dannenbauer*. 142 Seiten, 4 Karten. 1958. (1065)

Von den Staufern zu den Habsburgern. Auflösung des Reichs und Emporkommen der Landesstaaten (1250 —1519) von *J. Haller †*. 2., durchgesehene Auflage von *H. Dannenbauer*. 118 Seiten, 6 Kartenskizzen. 1960. (1077)

Deutsche Geschichte im Zeitalter der Reformation, der Gegenreformation und des dreißigjährigen Krieges von *F. Hartung*. 2., durchgesehene Auflage. 128 Seiten. 1963 (1105)

Deutsche Geschichte von 1648—1740. Politischer und geistiger Wiederaufbau von *W. Treue*. 120 Seiten. 1956. (35)

Deutsche Geschichte von 1713—1806. Von der Schaffung des europäischen Gleichgewichts bis zu Napoleons Herrschaft von *W. Treue*. 168 Seiten. 1957. (39)

Deutsche Geschichte von 1806—1890. Vom Ende des alten bis zur Höhe des neuen Reiches von *W. Treue*. 128 Seiten. 1961. (893)

Deutsche Geschichte von 1890 bis zur Gegenwart von *W. Treue*. In Vorbereitung. (894)

Quellenkunde der Deutschen Geschichte im Mittelalter (bis zur Mitte des 15. Jahrhunderts) von *K. Jacob †*. 3 Bände.

I: Einleitung. Allgemeiner Teil. Die Zeit der Karolinger. 6. Auflage, bearbeitet von *H. Hohenleutner*. 127 Seiten. 1959. (279)

II: Die Kaiserzeit (911—1250). 5. Auflage, neubearbeitet von *H. Hohenleutner*. 141 Seiten. 1961. (280)

III: Das Spätmittelalter (vom Interregnum bis 1500). Herausgegeben von *F. Weden*. 152 Seiten. 1952. (284)

Geschichte Englands von *H. Preller.* 2 Bände.
I: bis 1815. 3., stark umgearbeitete Auflage. 135 Seiten, 7 Stammtafeln, 2 Karten. 1952. (375)
II: Von 1815 bis 1910. 2., völlig umgearbeitete Auflage. 118 Seiten, 1 Stammtafel, 7 Karten. 1954. (1088)

Römische Geschichte von *F. Altheim.* 4 Bände. 2., verbesserte Auflage.
I: Bis zur Schlacht bei Pydna (168 v. Chr.). 124 Seiten. 1956. (19)
II: Bis zur Schlacht bei Actium (31 v. Chr.). 129 Seiten, 1956. (677)
III: Bis zur Schlacht an der Milvischen Brücke (312 n. Chr.). 148 Seiten. 1958. (679)
IV: Bis zur Schlacht am Yarmuk (636 n. Chr.). In Vorbereitung. (684)

Geschichte der Vereinigten Staaten von Amerika von *O. Graf zu Stolberg-Wernigerode.* 192 Seiten, 10 Karten. 1956. (1051/1051 a)

Deutsche Sprache und Literatur

Geschichte der Deutschen Sprache von *H. Sperber.* 5., neubearbeitete Auflage von *P. von Polenz.* 136 Seiten. 1966. (915)

Deutsches Rechtschreibungswörterbuch von *M. Gottschald †.* 2., verbesserte Auflage. 219 Seiten. 1953. (200/200a)

Deutsche Wortkunde. Kulturgeschichte des deutschen Wortschatzes von *A. Schirmer.* 5. Auflage von *W. Mitzka.* 125 Seiten. 1965. (929)

Deutsche Sprachlehre von *W. Hofstaetter.* 10. Auflage. Völlige Umarbeitung der 8. Auflage. 150 Seiten. 1960. (20)

Stimmkunde für Beruf, Kunst und Heilzwecke von *H. Biehle.* 111 Seiten. 1955. (60)

Redetechnik. Einführung in die Rhetorik von *H. Biehle.* 2., erweiterte Auflage. 151 Seiten. 1961. (61)

Sprechen und Sprachpflege (Die Kunst des Sprechens) von *H. Feist.* 3. Aufl. Etwa 99 Seiten, 25 Abbildungen. 1966 In Vorbereitung (1122)

Deutsches Dichten und Denken von der germanischen bis zur staufischen Zeit von *H. Naumann †.* (Deutsche Literaturgeschichte vom 5.—13. Jahrhundert.) 3., verbesserte Auflage. 1966 (1121)

Deutsches Dichten und Denken vom Mittelalter zur Neuzeit von *G. Müller* (1270 bis 1700). 3., durchgesehene Auflage. 159 Seiten. In Vorbereitung. (1086)

Deutsches Dichten und Denken von der Aufklärung bis zum Realismus (Deutsche Literaturgeschichte von 1700—1890) von *K. Viëtor †.* 3., durchgesehene Auflage. 159 Seiten. 1958. (1096)

Deutsche Heldensage von *H. Schneider.* 2. Auflage, bearbeitet von *R. Wisniewski.* 148 Seiten. 1964. (32)

Der Nibelunge Nôt in Auswahl mit kurzem Wörterbuch von *K. Langosch.* 11., durchgesehene Auflage. 166 Seiten. 1966. (1)

Kudrun und Dietrich-Epen in Auswahl mit Wörterbuch von *O. L. Jiriczek.* 6. Auflage, bearbeitet von *R. Wisniewski.* 173 Seiten. 1957. (10)

Wolfram von Eschenbach. Parzifal. Eine Auswahl mit Anmerkungen und Wörterbuch von *H. Jantzen.* 3. Auflage, bearbeitet von *H. Kolb.* 128 Seiten. 1966. (921)

Hartmann von Aue. Der arme Heinrich nebst einer Auswahl aus der „Klage" dem „Gregorius" und den Liedern (mit einem Wörterverzeichnis) herausgegeben von *F. Maurer*. 96 Seiten. 1958. (18)

Gottfried von Straßburg. Tristan und Isolde in Auswahl herausgegeben von *F. Maurer*. 2. Auflage. 142 Seiten. 1965. (22)

Die deutschen Personennamen von *M. Gottschald †*. 2., verbesserte Auflage. 151 Seiten. 1955. (422)

Althochdeutsches Elementarbuch. Grammatik und Texte von *H. Naumann †* und *W. Betz*. 4., verbesserte und vermehrte Auflage. 183 Seiten. 1966. In Vorbereitung. (1111/1111a)

Mittelhochdeutsche Grammatik von *H. de Boor* und *R. Wisniewski*. 4., verbesserte und ergänzte Auflage. 150 Seiten. 1965. (1108)

Indogermanisch, Germanisch

Indogermanische Sprachwissenschaft von *H. Krahe*. 2 Bände. 4., überarbeitete Auflage.
I: Einleitung und Lautlehre. 110 Seiten. 1962. (59)
II: Formenlehre. 100 Seiten. 1963. (64)

Sanskrit-Grammatik mit sprachvergleichenden Erläuterungen von *M. Mayrhofer*. 2., völlig neu bearbeitete Auflage. 110 Seiten. 1965. (1158/1158a)

Gotisches Elementarbuch. Grammatik. Texte mit Übersetzung und Erläuterungen von *H. Hempel*. 4., neubearbeitete Auflage. 166 Seiten. 1966. (79/79a)

Altnordisches Elementarbuch. Einführung, Grammatik, Texte (zum Teil mit Übersetzung) und Wörterbuch von *F. Ranke*. 3., völlig umgearb. Auflage von *D. Hofmann*. Etwa 180 Seiten. 1966. Im Druck. (1115/1115a)

Germanische Sprachwissenschaft von *H. Krahe*. 3 Bände.
I: Einleitung und Lautlehre. 5., überarbeitete Auflage. 147 Seiten. 1963. (238)
II: Formenlehre. 5., verbesserte Auflage. 149 Seiten. 1965. (780)
III: Wortbildungslehre von *W. Meid*. Etwa 240 Seiten. 1966. (1218/1218a/1218b)

Englisch, Romanisch

Altenglisches Elementarbuch. Einführung, Grammatik, Texte mit Übersetzung und Wörterbuch von *M. Lehnert*. 6., verbesserte Auflage. 178 Seiten. 1965. (1125)

Historische neuenglische Laut- und Formenlehre von *E. Ekwall*. 4., verbesserte Auflage. 150 Seiten. 1965. (735)

Englische Phonetik von *H. Mutschmann †*. 2. Auflage, bearbeitet von *G. Scherer*. 127 Seiten. 1963. (601)

Englische Literaturgeschichte von *F. Schubel*. 4 Bände.
I: Die alt- und mittelenglische Periode. 163 Seiten. 1954. (1114)
II: Von der Renaissance bis zur Aufklärung. 160 Seiten. 1956. (1116)
III: Romantik und Viktorianismus. 160 Seiten. 1960. (1124)

Beowulf von *M. Lehnert*. Eine Auswahl mit Einführung, teilweiser Übersetzung, Anmerkungen und etymologischem Wörterbuch. 3., verbesserte Auflage. 135 Seiten. 1959. (1135)

Shakespeare von *P. Meißner †*. 2. Auflage, neubearbeitet von *M. Lehnert*. 136 Seiten. 1954. (1142)

Romanische Sprachwissenschaft von *H. Lausberg*. 4 Bände.
- I: Einleitung und Vokalismus. 2., durchgesehene Auflage. 211 Seiten. 1963. (128/128a)
- II: Konsonantismus. 2. Auflage. In Vorbereitung. (250)
- III: Formenlehre. 1. Teil. 99 Seiten. 1962. (1199)
- III: Formenlehre. 2. Teil. S. 99—260. 1962. (1200/1200a)
- IV: Wortlehre. In Vorbereitung. (1208)

Griechisch, Lateinisch

Griechische Sprachwissenschaft von *W. Brandenstein*. 3 Bände.
- I: Einleitung, Lautsystem, Etymologie. 160 Seiten. 1954. (117)
- II: Wortbildung und Formenlehre. 192 Seiten. 1959. (118/118a)
- III: Syntax I. Einleitung. Die Flexibilien. 145 Seiten. 1966. (924/924a)

Geschichte der griechischen Sprache. 2 Bände
- I: Bis zum Ausgang der klassischen Zeit von *O. Hoffmann †*. 3. Auflage, bearbeitet von *A. Debrunner †*. 156 Seiten. 1953. (111)
- II: Grundfragen und Grundzüge des nachklassischen Griechisch von *A. Debrunner †*. 144 Seiten. 1954. (114)

Geschichte der griechischen Literatur von *W. Nestle*. 2 Bände. 3. Auflage, bearbeitet von *W. Liebich*.
- I: 144 Seiten. 1961. (70)
- II: 149 Seiten. 1963. (557)

Grammatik der neugriechischen Volkssprache von *J. Kalitsunakis*. 3., wesentlich erweiterte und verbesserte Auflage. 196 Seiten. 1963. (756/756a)

Neugriechisch-deutsches Gesprächsbuch von *J. Kalitsunakis*. 2. Auflage, bearbeitet von *A. Steinmetz*. 99 Seiten. 1960. (587)

Geschichte der lateinischen Sprache von *F. Stolz* und *A. Debrunner †*. 4. Auflage, bearbeitet von *W. P. Schmid*. 1966. In Vorbereitung. (492/492a/708b)

Geschichte der römischen Literatur von *L. Bieler*. 2., verbesserte Auflage. 2 Bände.
- I: Die Literatur der Republik. 160 Seiten. 1965. (52)
- II: Die Literatur der Kaiserzeit. 133 Seiten. 1965. (866)

Orientalistik, Slavische Sprachen

Die Keilschrift von *B. Meissner*. 3. Auflage, neubearbeitet von *K. Oberhuber*. Etwa 150 Seiten. 1966. (708/708a/708b)

Die Hieroglyphen von *A. Erman*. 3. Auflage, neu bearbeitet von *O. Krückmann*, 1966. In Vorbereitung. (608/608a/608b)

Hebräische Grammatik von *R. Meyer.* 3 Bände.
I: Einleitung, Schrift- und Lautlehre. 3., neubearbeitete Auflage. 120 Seiten. 1966. (763/763a/763b)
II: Formenlehre und Flexionstabellen. 3. Auflage. In Vorbereitung. (764/764a/764b)
III: Satzlehre. In Vorbereitung (765/765a/765b)
Hebräisches Textbuch zu *G. Beer-R. Meyer,* Hebräische Grammatik von *R. Meyer.* 170 Seiten. 1960. (769/769a)
Slavische Sprachwissenschaft von *H. Bräuer.* 2 Bände.
I: Einleitung, Lautlehre. 221 Seiten. 1961. (1191/1191a)
Vergleichende Geschichte der slavischen Literaturen von *D. Tschižewskij.* 2 Bände. 1966. In Vorbereitung.
I: Einführung. Anfänge des slavischen Schrifttums bis zum Klassizismus. (1222)
II: Romantik bis zur Moderne. (1223)
Russische Grammatik von *E. Berneker †.* 6., verbesserte Auflage von *M. Vasmer †.* 155 Seiten. 1961. (66)
Polnische Grammatik von *N. Damerau.* Etwa 140 Seiten. 1966. (942/942a)

Erd- und Länderkunde, Kartographie

Afrika von *F. Jaeger.* Ein geographischer Überblick. 2 Bände. 3. Auflage.
I: Der Lebensraum. 179 Seiten, 18 Abbildungen. In Vorbereitung. (910)
II: Mensch und Kultur. 155 Seiten, 6 Abbildungen. In Vorbereitung. (911)
Australien und Ozeanien von *H. J. Krug.* 176 Seiten, 46 Skizzen. 1953. (319)
Kartographie von *V. Heissler.* 2. Auflage. 213 Seiten, 125 Abb., 8 Anlagen. 1966. (30/30a)

Volkswirtschaft, Statistik, Publizistik

Allgemeine Betriebswirtschaftslehre von *K. Mellerowicz.* 4 Bände. 11. und 12., durchgesehene Auflage.
I: 224 Seiten. 1964. (1008/1008a)
II: 188 Seiten. 1966. (1153/1153a)
III: 260 Seiten. 1963. (1154/1154a)
IV: 209 Seiten. 1963. (1186/1186a)
Allgemeine Volkswirtschaftslehre von *A. Paulsen.* 4 Bände.
I: Grundlegung, Wirtschaftskreislauf. 7. Auflage. 159 Seiten. 11 Abbildungen. 1966. (1169)
II: Haushalte, Unternehmungen, Marktformen. 7. Auflage. 172 Seiten. 31 Abbildungen. 1966. (1170)
III: Produktionsfaktoren. 4. Auflage. 198 Seiten, 24 Abbildungen. 1965. (1171)
IV: Gesamtbeschäftigung, Konjunkturen, Wachstum. 4., neubearbeitete und ergänzte Auflage. 188 Seiten. 1966. (1172)

Geschichte der Volkswirtschaftslehre von *S. Wendt*. 182 S. 1961. (1194)

Allgemeine Volkswirtschaftspolitik von *H. Ohm*. 2 Bände.

I: Systematisch-Theoretische Grundlegung. 2., verbesserte und ergänzte Auflage. 137 Seiten, 6 Abbildungen. 1965. (1195)

II: Der volkswirtschaftliche Gesamtorganismus als Objekt der Wirtschaftspolitik. In Vorbereitung. (1196)

Finanzwissenschaft von *H. Kolms*. 4 Bände.

I: Grundlegung, Öffentliche Ausgaben. 3., verbesserte Auflage. 159 Seiten. 1966. (148)

II: Erwerbseinkünfte, Gebühren und Beiträge, Allgemeine Steuerlehre. 3., verbesserte Auflage. 148 Seiten. 1966. In Vorbereitung (391)

III: Besondere Steuerlehre. 178 Seiten. 1962. (776)

IV: Öffentlicher Kredit. Öffentlicher Haushalt. Finanzausgleich. 191 Seiten. 1964. (782/782a)

Finanzmathematik von *M. Nicolas*. 192 Seiten, 11 Tafeln, 8 Tabellen und 72 Beispiele. 1959. (1183/1183a)

Buchhaltung und Bilanz von *E. Kosiol*. 170 Seiten. 1964. (1213/1213a)

Industrie- und Betriebssoziologie von *R. Dahrendorf*. 3. Auflage. 142 Seiten, 3 Figuren. 1965. (103)

Wirtschaftssoziologie von *F. Fürstenberg*. 122 Seiten. 1961. (1193)

Psychologie des Berufs- und Wirtschaftslebens von *W. Moede†*. 190 Seiten, 48 Abbildungen. 1958. (851/851a)

Einführung in die Arbeitswissenschaft von *H. H. Hilf*. 169 Seiten, 57 Abbildungen. 1964. (1212/1212a)

Allgemeine Methodenlehre der Statistik von *J. Pfanzagl*. 2 Bände.

I: Elementare Methoden unter besonderer Berücksichtigung der Anwendungen in den Wirtschafts- und Sozialwissenschaften. 3., neubearbeitete Auflage. 266 Seiten, 50 Abbildungen. 1966. (746/746a)

II: Höhere Methoden unter besonderer Berücksichtigung der Anwendungen in Naturwissenschaften, Medizin und Technik. 2., verbesserte Auflage. 315 Seiten, 41 Abbildungen. 1966. (747/747a)

Zeitungslehre von *E. Dovifat*. 2 Bände. 4., neubearbeitete Auflage.

I: Theoretische und rechtliche Grundlagen — Nachricht und Meinung — Sprache und Form. 149 Seiten. 1962. (1039)

II: Redaktion — Die Sparten: Verlag und Vertrieb, Wirtschaft und Technik — Sicherung der öffentlichen Aufgabe. 168 Seiten. 1962. (1040)

Naturwissenschaften

Mathematik

Geschichte der Mathematik von *J. E. Hofmann.* 4 Bände.
- I: Von den Anfängen bis zum Auftreten von Fermat und Descartes. 2., verbesserte und vermehrte Auflage. 251 Seiten. 1963. (226/226a)
- II: Von Fermat und Descartes bis zur Erfindung des Calculus und bis zum Ausbau der neuen Methoden. 109 Seiten. 1957. (875)
- III: Von den Auseinandersetzungen um den Calculus bis zur französischen Revolution. 107 Seiten. 1957. (882)
- IV: Geschichte der Mathematik der neuesten Zeit von *N. Stuloff.* In Vorbereitung. (883)

Mathematische Formelsammlung von *F. O. Ringleb.* 8., erweiterte Auflage. Etwa 320 Seiten. 40 Figuren. 1966. (51/51a)

Vierstellige Tafeln und Gegentafeln für logarithmisches und trigonometrisches Rechnen in zwei Farben zusammengestellt von *H. Schubert* und *R. Haussner.* 3., neubearbeitete Auflage von *J. Erlebach.* 158 Seiten. 1960. (81)

Fünfstellige Logarithmen mit mehreren graphischen Rechentafeln und häufig vorkommenden Zahlenwerten von *A. Adler.* 4. Auflage, überarbeitet von *J. Erlebach.* 127 Seiten, 1 Tafel. 1962. (423)

Arithmetik von *P. B. Fischer†.* 3. Auflage von *H. Rohrbach.* 152 Seiten, 19 Abbildungen. 1958. (47)

Höhere Algebra von *H. Hasse.* 2 Bände.
- I: Lineare Gleichungen. 5., neubearbeitete Auflage. 150 Seiten. 1963. (931)
- II: Gleichungen höheren Grades. 4., durchgesehene Auflage. 158 Seiten, 5 Figuren. 1958. (932)

Aufgabensammlung zur höheren Algebra von *H. Hasse* und *W. Klobe.* 3., verbesserte Auflage. 183 Seiten. 1961. (1082)

Elementare und klassische Algebra vom modernen Standpunkt von *W. Krull.* 2 Bände.
- I: 3., erweiterte Auflage. 148 Seiten. 1963. (930)
- II: 132 Seiten. 1959. (933)

Lineare Programmierung von *H. Langen.* Etwa 200 Seiten. (1206/1206a)

Algebraische Kurven und Flächen von *W. Burau.* 2 Bände.
- I: Algebraische Kurven der Ebene. 153 Seiten, 28 Abbildungen. 1962. (435)
- II: Algebraische Flächen 3. Grades und Raumkurven 3. und 4. Grades. 162 Seiten, 17 Abbildungen. 1962. (436/436a)

Einführung in die Zahlentheorie von *A. Scholz†.* Überarbeitet und herausgegeben von *B. Schoeneberg.* 4. Auflage. Etwa 128 Seiten. 1966. (1131)

Formale Logik von *P. Lorenzen.* 2., verbesserte Auflage. Etwa 165 Seiten. 1962. (1176/1176a)

Topologie von *W. Franz.* 2 Bände.
I: Allgemeine Topologie. 2., verbesserte Auflage. 144 Seiten, 9 Figuren. 1965. (1181)
II: Algebraische Topologie. 153 Seiten. 1965. (1182/1182a)

Elemente der Funktionentheorie von *K. Knopp†.* 7. Auflage. 144 Seiten, 23 Figuren. 1966. (1109)

Funktionentheorie von *K. Knopp†.* 2 Bände. 11. Auflage.
I: Grundlagen der allgemeinen Theorie der analytischen Funktionen. 144 Seiten, 8 Figuren. 1965. (668)
II: Anwendungen und Weiterführung der allgemeinen Theorie. 130 Seiten, 7 Figuren. 1965. (703)

Aufgabensammlung zur Funktionentheorie von *K. Knopp†.* 2 Bände.
I: Aufgaben zur elementaren Funktionentheorie. 7. Auflage. 135 Seiten. 1965. (877)
II: Aufgaben zur höheren Funktionentheorie. 6. Auflage 151 Seiten. 1964. (878)

Differential- und Integralrechnung von *M. Barner.* (Früher *Witting*). 4 Bände.
I: Grenzwertbegriff, Differentialrechnung. 2., durchgesehene Auflage. 176 Seiten, 39 Figuren. 1963. (86)

Gewöhnliche Differentialgleichungen von *G. Hoheisel.* 7., neubearbeitete und erweiterte Auflage. 142 Seiten. 1965. (920/920a)

Partielle Differentialgleichungen von *G. Hoheisel.* 4., durchgesehene Auflage. 128 Seiten. 1960. (1003)

Aufgabensammlung zu den gewöhnlichen und partiellen Differentialgleichungen von *G. Hoheisel.* 4., neubearbeitete Auflage. 153 Seiten. 1964. (1059/1059a)

Integralgleichungen von *G. Hoheisel.* 2., neubearbeitete und erweiterte Auflage. 112 Seiten. 1963. (1099)

Mengenlehre von *E. Kamke.* 5. Auflage. 194 Seiten, 6 Figuren. 1965. (999/999a)

Gruppentheorie von *L. Baumgartner.* 4., erweiterte Auflage. 190 Seiten, 3 Tafeln. 1964. (837/837a)

Ebene und sphärische Trigonometrie von *G. Hessenberg†.* 5. Auflage, durchgesehen von *H. Kneser.* 172 Seiten, 60 Figuren. 1957. (99)

Darstellende Geometrie von *W. Haack.* 3 Bände.
I: Die wichtigsten Darstellungsmethoden. Grund- und Aufriß ebenflächiger Körper. 5. Auflage. 113 Seiten 120 Abbildungen. 1965. (142)
II: Körper mit krummen Begrenzungsflächen. Kotierte Projektionen. 4., durchgesehene Auflage. 129 Seiten, 86 Abbildungen. 1965. (143)
III: Axonometrie und Perspektive. 3. Auflage. 129 Seiten, 100 Abbildungen. 1965. (144)

Analytische Geometrie von *K. P. Grotemeyer.* 3., neubearbeitete Auflage. 218 Seiten, 73 Abbildungen. 1964. (65/65a)

Nichteuklidische Geometrie. Hyperbolische Geometrie der Ebene von *R. Baldus†.* 4. Auflage, bearbeitet und ergänzt von *F. Löbell.* 158 Seiten, 75 Figuren. 1964. (970/970a)

Differentialgeometrie von *K. Strubecker.* 3 Bände.
I: Kurventheorie der Ebene und des Raumes. 2., erweiterte Auflage. 253 Seiten, 45 Figuren. 1964. (1113/1113a)
II: Theorie der Flächenmetrik. 195 Seiten, 14 Figuren. 1958. (1179/1179a)
III: Theorie der Flächenkrümmung. 254 Seiten, 38 Figuren. 1959. (1180/1180a)

Variationsrechnung von *L. Koschmieder.* 2 Bände. 2., neubearbeitete Auflage.
I: Das freie und gebundene Extrem einfacher Grundintegrale. 128 Seiten, 23 Figuren. 1962. (1074)
II: Anwendung klassischer Verfahren auf allgemeine Fragen des Extrems. — Neuere unmittelbare Verfahren. In Vorbereitung. (1075)

Einführung in die konforme Abbildung von *L. Bieberbach.* 6. Auflage. Etwa 180 Seiten, 42 Figuren. 1966. In Vorbereitung. (768/768a)

Vektoren und Matrizen von *S. Valentiner.* 3. Auflage. (10., erweiterte Auflage der „Vektoranalysis"). Mit Anhang: Aufgaben zur Vektorrechnung von *H. König.* 206 Seiten, 35 Figuren. 1963. (354/354a)

Wahrscheinlichkeitstheorie und Grundzüge der Maßtheorie von *H. Bauer.* 2 Bände.
I: 154 Seiten. 1964. (1216/1216a)
II: In Vorbereitung. (1217)

Versicherungsmathematik von *F. Böhm.* 2 Bände.
I: Elemente der Versicherungsrechnung. 3., vermehrte und verbesserte Auflage. Durchgesehener Neudruck. 151 Seiten. 1953. (180)
II: Lebensversicherungsmathematik. Einführung in die technischen Grundlagen der Sozialversicherung. 2., verbesserte und vermehrte Auflage. 205 Seiten. 1953. (917/917a)

Finanzmathematik von *M. Nicolas.* 192 Seiten, 11 Tafeln, 8 Tabellen und 72 Beispiele. 1959. (1183/1183a)

Kinematik von *H. R. Müller.* 171 Seiten, 75 Figuren. 1963. (584/584a)

Physik

Einführung in die theoretische Physik von *W. Döring.* 5 Bände.
I: Mechanik. 3., verbesserte Aufl. 125 Seiten, 23 Abb. 1965. (76)
II: Das elektromagnetische Feld. 2., verbesserte Auflage. 132 Seiten, 15 Abbildungen. 1962. (77)
III: Optik. 2., verbesserte Auflage. 117 Seiten, 32 Abbildungen. 1963. (78)
IV: Thermodynamik. 2., verbesserte Auflage. 107 Seiten, 9 Abbildungen. 1964. (374)
V: Statistische Mechanik. 2., verbesserte Auflage. 114 Seiten, 12 Abbildungen. 1966. (1017)

Mechanik deformierbarer Körper von *M. Päsler.* 199 Seiten, 48 Abbildungen. 1960. (1189/1189a)

Atomphysik von *K. Bechert, Ch. Gerthsen†* und *A. Flammersfeld.* 7 Bände. 4., durchgesehene Auflage.
I: Allgemeine Grundlagen. 1. Teil von *A. Flammersfeld.* 124 Seiten, 35 Abbildungen. 1959. (1009)
II: Allgemeine Grundlagen. 2. Teil von *A. Flammersfeld.* 112 Seiten, 47 Abbildungen. 1963. (1033)
III: Theorie des Atombaus. 1. Teil von *K. Bechert.* 148 Seiten, 16 Abbildungen. 1963. (1123/1123a)
IV: Theorie des Atombaus. 2. Teil von *K. Bechert.* 170 Seiten, 14 Abbildungen. 1963. (1165/1165a)

Differentialgleichungen der Physik von *F. Sauter.* 4., durchgesehene und ergänzte Auflage. 148 Seiten, 16 Figuren. 1966. (1070)

Physikalische Formelsammlung von *G. Mahler. †.* Fortgeführt von *K. Mahler.* Neubearbeitet von *H. Graewe.* 11. Auflage. 167 Seiten, 69 Figuren. 1963. (136)

Physikalische Aufgabensammlung mit Ergebnissen von *G. Mahler †.* Fortgeführt von *K. Mahler.* Neubearbeitet von *H. Graewe.* 12. Auflage. 141 Seiten. 1964. (243)

Chemie

Geschichte der Chemie in kurzgefaßter Darstellung von *G. Lockemann.* 2 Bände. 2. Auflage.
I: Vom Altertum bis zur Entdeckung des Sauerstoffs. 142 Seiten, 8 Bildnisse. In Vorbereitung. (264)
II: Von der Entdeckung des Sauerstoffs bis zur Gegenwart. 151 Seiten, 16 Bildnisse. In Vorbereitung (265/265a)

Anorganische Chemie von *W. Klemm.* 13. Auflage. 255 Seiten, 34 Abbildungen. 1964. (37/37a)

Organische Chemie von *W. Schlenk jun.* 10., erweiterte Auflage. 273 Seiten, 16 Abbildungen. 1965. (38/38a)

Physikalische Methoden in der Organischen Chemie von *G. Kresze.* 2 Bände.
I: 119 Seiten, 65 Abbildungen. 1962. (44)
II: 164 Seiten. 1962. (45/45a)

Allgemeine und physikalische Chemie von *W. Schulze.* 2 Bände.
I: 6., verbesserte Auflage. 139 Seiten, 10 Figuren. 1964. (71)
II: 6., verbesserte Auflage. 178 Seiten, 37 Figuren. 1966. (698/698a)

Molekülbau. Theoretische Grundlagen und Methoden der Strukturermittlung von *W. Schulze.* 123 Seiten, 43 Figuren. 1958. (786)

Einfache Versuche zur allgemeinen und physikalischen Chemie von *E. Dehn.* 371 Versuche mit 40 Abbildungen. 272 Seiten. 1962. (1201/1201a)

Physikalisch-chemische Rechenaufgaben von *E. Asmus.* 3., verbesserte Auflage. 96 Seiten. 1958. (445)

Maßanalyse. Theorie und Praxis der klassischen und der elektrochemischen Titrierverfahren von *G. Jander* und *K. F. Jahr.* 10., erweiterte Auflage, mitbearbeitet von *H. Knoll.* 358 Seiten, 56 Figuren. 1963. (221/221a)

Qualitative Analyse von *H. Hofmann* u. *G. Jander*. 2., durchgesehene und verbesserte Auflage. 308 Seiten, 5 Abbildungen. 1963. (247/247 a)

Stöchiometrische Aufgabensammlung von *W. Bahrdt†* und *R. Scheer*. Mit den Ergebnissen. 8., durchgesehene Auflage. 119 Seiten. 1964. (452)

Elektrochemie von *K. Vetter*. 2 Bände.
I: In Vorbereitung. (252)
II: In Vorbereitung. (253)

Kristallchemie von *J. Zemann*. Etwa 160 Seiten, 90 Abbildungen. 1966. In Vorbereitung. (1220/1220a)

Technologie

Die Chemie der Kunststoffe von *K. Hamann*, unter Mitarbeit von *W. Funke* und *H. D. Hermann*. 2. Aufl. 143 Seiten. 1966. In Vorbereitung. (1173/1173a)

Warenkunde von *K. Hassak* und *E. Beutel†*. 2 Bände.
I: Anorganische Waren sowie Kohle und Erdöl. 8. Auflage. Neubearbeitet von *A. Kutzelnigg*. 119 Seiten, 18 Figuren. 1958. (222)
II: Organische Waren. 8. Auflage. Vollständig neu bearbeitet von *A. Kutzelnigg*. 157 Seiten, 32 Figuren. 1959. (223)

Die Fette und Öle von *Th. Klug*. 6., verbesserte Auflage. 143 Seiten. 1961. (335)

Die Seifenfabrikation von *K. Braun †*. 3., neubearbeitete und verbesserte Auflage von *Th. Klug*. 116 Seiten, 18 Abbildungen. 1953. (336)

Thermische Verfahrenstechnik von *H. Bock*. 3 Bände.
I: Eigenschaften und Verhalten der realen Stoffe. 164 Seiten, 28 Abbildungen. 1963. (1209/1209a)
II: Funktion und Berechnung der elementaren Geräte. 195 Seiten, 54 Abbildungen. 1964. (1210/1210a)
III: Fließbilder, ihre Funktion und ihr Zusammenbau aus Geräten. 224 Seiten, 67 Abbildungen. 1965. (1211/1211a)

Textilindustrie von *A. Blümcke*.
I: Spinnerei und Zwirnerei. 111 Seiten, 43 Abbildungen. 1954. (184)

Biologie

Einführung in die allgemeine Biologie und ihre philosophischen Grund- und Grenzfragen von *M. Hartmann*. 2., unveränderte Auflage. 132 Seiten, 2 Abbildungen. 1965. (96)

Hormone von *G. Koller*. 2., neubearbeitete und erweiterte Auflage. 187 Seiten, 60 Abbildungen, 19 Tabellen. 1949. (1141)

Fortpflanzung im Tier- und Pflanzenreich von *J. Hämmerling*. 2., ergänzte Auflage. 135 Seiten, 101 Abbildungen. 1951. (1138)

Geschlecht und Geschlechtsbestimmung im Tier- und Pflanzenreich von *M. Hartmann*. 2., verbesserte Auflage. 116 Seiten, 61 Abbildungen, 7 Tabellen. 1951. (1127)

Symbiose der Tiere mit pflanzlichen Mikroorganismen von *P. Buchner*. 2. verbesserte und vermehrte Auflage. 130 Seiten, 121 Abbildungen. 1949. (1128)

Grundriß der allgemeinen Mikrobiologie von *W.* u. *A. Schwartz*. 2 Bände. 2., verbesserte und ergänzte Auflage.
I: 147 Seiten, 25 Abbildungen. 1960. (1155)
II: 142 Seiten, 29 Abbildungen. 1961. (1157)

Botanik

Entwicklungsgeschichte des Pflanzenreiches von *H. Heil*. 2. Auflage. 138 Seiten, 94 Abbildungen, 1 Tabelle. 1950. (1137)

Morphologie der Pflanzen von *L. Geitler*. 3., umgearbeitete Auflage. 126 Seiten, 114 Abbildungen. 1953. (141)

Pflanzengeographie von *L. Diels†*. 5., völlig neu bearbeitete Auflage von *F. Mattick*. 195 Seiten, 2 Karten. 1958. (389/389a)

Die Laubhölzer. Kurzgefaßte Beschreibung der in Mitteleuropa gedeihenden Laubbäume und Sträucher von *F. W. Neger†* und *E. Münch†*. 3., durchgesehene Auflage, herausgegeben von *B. Huber*. 143 Seiten, 63 Figuren, 7 Tabellen. 1950. (718)

Die Nadelhölzer (Koniferen) und übrigen Gymnospermen von *F. W. Neger†* und *E. Münch†*. 4. Auflage, durchgesehen und ergänzt von *B. Huber*. 140 Seiten, 75 Figuren, 4 Tabellen, 3 Karten. 1952. (355)

Pflanzenzüchtung von *H. Kuckuck*. 2 Bände.
I: Grundzüge der Pflanzenzüchtung. 3., völlig umgearbeitete und erweiterte Auflage. 132 Seiten, 22 Abbildungen. 1952. (1134)
II: Spezielle gartenbauliche Pflanzenzüchtung (Züchtung von Gemüse, Obst und Blumen). 178 Seiten, 27 Abbildungen. 1957. (1178/1178a)

Zoologie

Entwicklungsphysiologie der Tiere von *F. Seidel*. 2 Bände.
I: Ei und Furchung. 2. Auflage. Etwa 160 Seiten, 61 Abbildungen. 1966. (1162)
II: Körpergrundgestalt und Organbildung. 2. Auflage. In Vorbereitung (1163)

Vergleichende Physiologie der Tiere von *K. Herter*. 2 Bände. 4. Auflage der „Tierphysiologie".
I: Stoff- und Energiewechsel. Neu bearbeitet von *K. Urich*. 158 Seiten, 61 Abbildungen. 1966. (972/972a)
II: Bewegung und Reizerscheinungen. Neu bearbeitet von *G. Birukow*. In Vorbereitung. (973)

Das Tierreich
I: Einzeller, Protozoen von *E. Reichenow*. 115 Seiten. 59 Abbildungen. 1956. (444)
II: Schwämme und Hohltiere von *H. J. Hannemann*. 95 Seiten, 80 Abbildungen. 1956. (442)

III: Würmer. Platt-, Hohl-, Schnurwürmer, Kamptozoen, Ringelwürmer, Protracheaten, Bärtierchen, Zungenwürmer von *S. Jaeckel*. 114 Seiten, 36 Abbildungen. 1955. (439)

IV, 1: Krebse von *H. E. Gruner* und *K. Deckert*. 114 Seiten, 43 Abbildungen. 1956. (443)

IV, 2: Spinnentiere (Trilobitomorphen, Fühlerlose) und Tausendfüßler von *A. Kaestner*. 96 Seiten, 55 Abbildungen. 1955. (1161)

IV, 3: Insekten von *H. von Lengerken*. 2., verbesserte Auflage. 140 Seiten, 59 Abbildungen. 1966. (594)

V: Weichtiere. Urmollusken, Schnecken, Muscheln und Kopffüßer von *S. Jaeckel*. 92 Seiten. 34 Figuren. 1954. (440)

VI: Stachelhäuter. Tentakulaten, Binnenatmer und Pfeilwürmer von *S. Jaeckel*. 100 Seiten, 46 Abbildungen. 1955. (441)

VII, 1: Manteltiere, Schädellose, Rundmäuler von *Th. Haltenorth*. In Vorbereitung. (448)

VII, 2: Fische von *D. Lüdemann*. 130 Seiten, 65 Abbildungen. 1955. (356)

VII, 3: Lurche (Chordatiere) von *K. Herter*. 143 Seiten, 129 Abbildungen. 1955. (847)

VII, 4: Kriechtiere (Chordatiere) von *K. Herter*. 200 Seiten, 142 Abbildungen. 1960. (447/447a)

VII, 5: Vögel (Chordatiere) von *H.-A. Freye*. 156 Seiten, 69 Figuren. 1960. (869)

VII, 6: Säugetiere (Chordatiere) von *Th. Haltenorth*. In Vorbereitung. (282)

Land- und Forstwirtschaft

Landwirtschaftliche Tierzucht. Die Züchtung und Haltung der landwirtschaftlichen Nutztiere von *H. Vogel*. 139 Seiten, 11 Abbildungen. 1952. (228)

Kulturtechnische Bodenverbesserungen von *O. Fauser*. 2 Bände. 5., verbesserte und vermehrte Auflage.

I: Allgemeines, Entwässerung. 127 Seiten, 49 Abbildungen. 1959. (691)

II: Bewässerung, Ödlandkultur, Flurbereinigung. 159 Seiten, 71 Abbildungen. 1961. (692)

Agrikulturchemie von *K. Scharrer*. 2 Bände.

I: Pflanzenernährung. 143 Seiten. 1953. (329)

II: Futtermittelkunde. 192 Seiten. 1956. (330/330a)

Geologie, Mineralogie, Kristallographie

Geologie von *F. Lotze*. 3., verbesserte Auflage. 179 Seiten, 80 Abbildungen. 1965. (13/13a)

Mineral- und Erzlagerstättenkunde von *H. Huttenlocher †*. 2 Bände. 2., neubearbeitete Auflage von *P. Ramdohr*.

I: 137 Seiten, 40 Abbildungen, 2 Tabellen. 1965. (1014/1014a)

II: 135 Seiten, 41 Abbildungen. 1965. (1015/1015a)

Allgemeine Mineralogie. 11., erweiterte Auflage der „Mineralogie" von *R. Brauns †*, neubearbeitet von *K. F. Chudoba*. 152 Seiten, 143 Textfiguren, 1 Tafel, 3 Tabellen. 1963. (29/29a)

Spezielle Mineralogie. 11., erweiterte Auflage der „Mineralogie" von *R. Brauns †*, bearbeitet von *K. F. Chudoba*. 193 Seiten, 127 Textfiguren, 6 Tabellen. 1964. (31/31a)

Petrographie (Gesteinskunde) von *W. Bruhns †*. Neubearbeitet von *P. Ramdohr* 6., erweiterte Auflage. Etwa 141 Seiten, 21 Figuren. 1966. (173)

Kristallchemie von *J. Zemann*. Etwa 160 Seiten, 90 Abbildungen. 1966. (1220/1220a)

Kristallographie von *W. Bruhns †*. 6. Auflage, neubearbeitet von *P. Ramdohr*. 115 Seiten, 164 Abbildungen. 1965. (210)

Einführung in die Kristalloptik von *E. Buchwald*. 5., verbesserte Auflage. 128 Seiten, 117 Figuren. 1963. (619/619a)

Lötrohrprobierkunde. Mineraldiagnose mit Lötrohr und Tüpfelreaktion von *M. Henglein*. 4., durchgesehene und erweiterte Auflage. 108 Seiten, 12 Figuren. 1962. (483)

Technik

Graphische Darstellung in Wissenschaft und Technik von *M. Pirani.* 3., erweiterte Auflage bearbeitet von *J. Fischer* unter Benutzung der von *I. Runge* besorgten 2. Auflage. 216 Seiten, 104 Abbildungen. 1957. (728/728a)

Technische Tabellen und Formeln von *W. Müller.* 5., verbesserte und erweiterte Auflage von *E. Schulze.* 165 Seiten, 114 Abbildungen, 99 Tafeln. 1962. (579)

Einführung in die Arbeitswissenschaft von *H. H. Hilf.* 164 Seiten, 57 Abbildungen. 1964. (1212/1212a)

Grundlagen der Straßenverkehrstechnik. Theorie der Leistungsfähigkeit von *E. Engel.* 101 Seiten, 55 Abbildungen. 1962. (1198)

Elektrotechnik

Grundlagen der allgemeinen Elektrotechnik von *O. Mohr.* 3. Auflage. 260 Seiten, 136 Bilder, 14 Tafeln. 1965. (196/196a)

Die Gleichstrommaschine von *K. Humburg.* 2 Bände. 2., durchgesehene Auflage.
I: 102 Seiten, 59 Abbildungen. 1956. (257)
II: 101 Seiten, 38 Abbildungen. 1956. (881)

Die Synchronmaschine von *W. Putz.* 92 Seiten, 64 Bilder. 1962. (1146)

Induktionsmaschinen von *F. Unger.* 2., erweiterte Auflage. 142 Seiten, 49 Abbildungen. 1954. (1140)

Die komplexe Berechnung von Wechselstromschaltungen von *H. H. Meinke.* 3., neubearb. Aufl. 185 S., 126 Abb. 1965. (1156/1156a)

Theoretische Grundlagen zur Berechnung der Schaltgeräte von *F. Kesselring.* 4. Auflage. In Vorbereitung. (711)

Einführung in die Technik selbsttätiger Regelungen von *W. zur Megede.* 3., durchgesehene Aufl. 180 S., 86 Abb. 1966. In Vorb. (714/714a)

Elektromotorische Antriebe (Grundlagen für die Berechnung) von *A. Schwaiger.* 4., neubearbeitete Auflage. In Vorbereitung. (827)

Überspannungen und Überspannungsschutz von *G. Frühauf.* Durchgesehener Neudruck. 122 Seiten, 98 Abbildungen. 1950. (1132)

Elektrische Höchstspannungs-Schaltanlagen. Für Freiluft und Innenanordnung von *G. Meiners* und *K.-H. Wiesenewsky.* 138 Seiten, 58 Abbildungen. 1964. (796/796a)

Transformatoren von *W. Schäfer.* 4., überarbeitete und ergänzte Auflage. 130 Seiten, 73 Abbildungen. 1962. (952)

Maschinenbau

Thermische Verfahrenstechnik von *H. Bock.* 3 Bände.
I: Eigenschaften und Verhalten der realen Stoffe. 164 Seiten, 28 Abbildungen. 1963. (1209/1209a)
II: Funktion und Berechnung der elementaren Geräte. 195 Seiten, 54 Abbildungen. 1964. (1210/1210a)
III: Fließbilder, ihre Funktion und ihr Zusammenbau aus Geräten. 224 Seiten, 67 Abbildungen. 1965. (1211/1211a)

Technische Thermodynamik von *U. Grigull.* Mit 74 Abbildungen, 7 Tabellen. 1966. In Vorbereitung (1084/1084a)

Metallkunde von *H. Borchers*. 3 Bände.
I: Aufbau der Metalle und Legierungen. 6. Auflage. 120 Seiten, 90 Abbildungen, 2 Tabellen. 1964. (432)
II: Eigenschaften, Grundzüge der Form- und Zustandsgebung. 5., ergänzte und durchgesehene Auflage. 182 Seiten, 107 Abbildungen, 10 Tabellen. 1963. (433/433a)
III: Die metallkundlichen Untersuchungsmethoden von *E. Hanke*. In Vorbereitung (434)

Die Werkstoffe des Maschinenbaues von *A. Thum †* und *C. M. v. Meysenbug*. 2 Bände.
I: Einführung in die Werkstoffprüfung. 2., neubearbeitete Auflage. 100 Seiten, 7 Tabellen, 56 Abbildungen. 1956. (476)
II: Die Konstruktionswerkstoffe. 132 Seiten, 40 Abbildungen. 1959. (936)

Dynamik von *W. Müller*. 2 Bände. 2., verbesserte Auflage.
I: Dynamik des Einzelkörpers. 128 Seiten, 48 Figuren. 1952. (902)
II: Systeme von starren Körpern. 102 Seiten, 41 Figuren. 1952. (903)

Technische Schwingungslehre von *L. Zipperer*. 2 Bände. 2., neubearbeitete Auflage.
I: Allgemeine Schwingungsgleichungen, einfache Schwinger. 120 Seiten, 101 Abbildungen. 1953. (953)
II: Torsionsschwingungen in Maschinenanlagen. 102 Seiten, 59 Abbildungen. 1955. (961/961a)

Werkzeugmaschinen für Metallbearbeitung von *K. P. Matthes*. 2 Bände.
I: 100 Seiten, 27 Abbildungen, 11 Zahlentafeln, 1 Tafelanhang. 1954. (561)
II: Fertigungstechnische Grundlagen der neuzeitlichen Metallbearbeitung. 101 Seiten, 30 Abbildungen, 5 Tafeln. 1955. (562)

Das Maschinenzeichnen mit Einführung in das Konstruieren von *W. Tochtermann*. 2 Bände. 4. Auflage.
I: Das Maschinenzeichnen. 156 Seiten, 75 Tafeln. 1950. (589)
II: Ausgeführte Konstruktionsbeispiele. 130 Seiten, 58 Tafeln. 1950. (590)

Die Maschinenelemente von *E. A. vom Ende †*. 4., überarbeitete Auflage. 184 Seiten, 179 Figuren, 11 Tafeln. 1963. (3/3a)

Die Maschinen der Eisenhüttenwerke von *L. Engel*. 156 Seiten, 95 Abbildungen. 1957. (583/583a)

Walzwerke von *H. Sedlaczek †* unter Mitarbeit von *F. Fischer* und *M. Buch*. 232 Seiten, 157 Abbildungen. 1958. (580/580a)

Getriebelehre von *P. Grodzinski †*. 2 Bände. 3., neubearbeitete Auflage von *G. Lechner*.
I: Geometrische Grundlagen. 164 S., 131 Fig. 1960. (1061)
II: Angewandte Getriebelehre. In Vorbereitung. (1062)

Kinematik von *H. R. Müller*. 171 Seiten, 75 Figuren. 1963. (584/584a)

Gießereitechnik von *H. Jungbluth*. 2 Bände.
I: Eisengießerei. 126 Seiten, 44 Abbildungen. 1951. (1159)

Die **Dampfkessel** einschließlich Feuerungen und Hilfseinrichtungen. Physikalische und chemische Grundlagen, Berechnung und Konstruktion, Vorschriften und Beispiele von *W. Marcard*. 3., neubearbeitete Auflage von *G. Beyer*. 2 Bände.

I: Physikalische und chemische Grundlagen, Wärmelehre, Wärmeübertragung, Verbrennung. 133 Seiten, 35 Bilder, 26 Tabellen. 1964. (9/9a)

II: Berechnung und Konstruktion, Dampfkessel, Hilfseinrichtungen. Feuerungen, Berechnungen. Etwa 120 Seiten, 45 Bilder. 1966. (521/521a)

Die **Dampfturbinen.** Ihre Wirkungsweise, Berechnung und Konstruktion von *C. Zietemann*. 3 Bände.

I: Theorie der Dampfturbinen. 4. Auflage. 139 Seiten, 48 Abbildungen. 1966. In Vorbereitung. (274)

II: Die Berechnung der Dampfturbinen und die Konstruktion der Einzelteile. 4., verbesserte Auflage. 132 Seiten, 111 Abbildungen. 1966. In Vorbereitung. (715)

III: Die Regelung der Dampfturbinen, die Bauarten, Turbinen für Sonderzwecke, Kondensationsanlagen. 3., verbesserte Auflage. 126 Seiten, 90 Abbildungen. 1956. (716)

Verbrennungsmotoren von *W. Endres*. 3 Bände.

I: Überblick. Motor-Brennstoffe. Verbrennung im Motor allgemein, im Otto- und Diesel-Motor. 153 Seiten, 57 Abbildungen. 1958. (1076, 1076a)

II: Gaswechselvorgang. Aufladen. Leistung, mittl. Druck, Reibung. Wirkungsgrade und Kraftstoffverbrauch. Etwa 170 Seiten, 61 Abbildungen. 1966. (1184/1184a)

III: Die Einzelteile des Verbrennungsmotors. In Vorbereitung. (1185/1185a)

Autogenes Schweißen und Schneiden von *H. Niese*. 5. Auflage, neubearbeitet von *A. Küchler*. 136 Seiten, 71 Figuren. 1953. (499)

Die **elektrischen Schweißverfahren** von *H. Niese*. 2. Auflage, neubearbeitet von *H. Dienst*. 136 Seiten, 58 Abbildungen. 1955. (1020)

Die **Hebezeuge.** Entwurf von Winden und Kranen von *G. Tafel*. 2., verbesserte Auflage. 176 Seiten, 230 Figuren. 1954. (414/414a)

Vermessungswesen

Vermessungskunde von *W. Großmann*. 3 Bände.

I: Stückvermessung und Nivellieren. 12., verbesserte Auflage. 156 Seiten, 122 Figuren. 1965. (468)

II: Horizontalaufnahmen und ebene Rechnungen. 9., verbesserte Auflage. 136 Seiten, 101 Figuren. 1963. (469)

III: Trigonometrische und barometrische Höhenmessung. Tachymetrie und Absteckungen. 8., verbesserte Auflage. 140 Seiten, 102 Figuren. 1965. (862)

Kartographie von *V. Heissler*. 2. Auflage. 213 Seiten, 125 Abb., 8 Anlagen. 1966. (30/30a)

Photogrammetrie von *G. Lehmann*. 2., verbesserte und erweiterte Auflage. 205 Seiten, 136 Abbildungen. 1966. (1188/1188a)

Wasserbau

Wasserkraftanlagen von *A. Ludin* unter Mitarbeit von *W. Borkenstein*. 2 Bände.
I: Planung, Grundlagen und Grundzüge. 124 Seiten, 60 Abbildungen. 1955. (665)
II: Anordnung und Ausbildung der Hauptbauwerke. 184 Seiten, 91 Abbildungen. 1958. (666/666a)

Verkehrswasserbau von *H. Dehnert*. 3 Bände.
I: Entwurfsgrundlagen, Flußregelungen. 103 Seiten, 53 Abbildungen. 1950. (585)
II: Flußkanalisierung und Schiffahrtskanäle. 94 Seiten, 60 Abbildungen. 1950. (597)
III: Schleusen und Hebewerke. 98 Seiten, 70 Abbildungen. 1950. (1152)

Wehr- und Stauanlagen von *H. Dehnert*. 134 Seiten, 90 Abbildungen. 1952. (965)

Talsperren von *F. Tölke*. 122 Seiten, 70 Abbildungen. 1953. (1044)

Hoch- und Tiefbau

Die wichtigsten Baustoffe des Hoch- und Tiefbaus von *O. Graf †*. 4., verbesserte Auflage. 131 Seiten, 63 Abbildungen. 1953. (984)

Baustoffverarbeitung und Baustellenprüfung des Betons von *A. Kleinlogel*. 2., neubearbeitete und erweiterte Auflage. 126 Seiten, 35 Abbildungen. 1951. (978)

Festigkeitslehre. 2 Bände.
I: Elastizität, Plastizität und Festigkeit der Baustoffe und Bauteile von *W. Gehler †* und *W. Herberg*. Durchgesehener und erweiterter Neudruck. 159 Seiten, 118 Abbildungen. 1952. (1144)
II: Formänderung, Platten, Stabilität und Bruchhypothesen von *W. Herberg* und *N. Dimitrov*. 187 Seiten, 94 Abbildungen. 1955. (1145/1145a)

Grundlagen des Stahlbetonbaues von *A. Troche*. 2., neubearbeitete und erweiterte Auflage. 208 Seiten, 75 Abbildungen, 17 Bemessungstafeln, 20 Rechenbeispiele. 1953. (1078)

Statik der Baukonstruktionen von *A. Teichmann*. 3 Bände.
I: Grundlagen. 101 Seiten, 51 Abbildungen, 8 Formeltafeln. 1956. (119)
II: Statisch bestimmte Stabwerke. 107 Seiten, 52 Abbildungen, 7 Tafeln. 1957. (120)
III: Statisch unbestimmte Systeme. 112 Seiten, 34 Abbildungen, 7 Formeltafeln. 1958. (122)

Fenster, Türen, Tore aus Holz und Metall. Eine Anleitung zu ihrer guten Gestaltung, wirtschaftlichen Bemessung und handwerksgerechten Konstruktion von *W. Wickop †*. 5. Auflage geplant. (1092)

TECHNIK

Heizung und Lüftung von *W. Körting*. 2 Bände. 9., neubearbeitete Auflage.

I: Das Wesen und die Berechnung der Heizungs- und Lüftungsanlagen. 171 Seiten, 29 Abbildungen, 36 Zahlentafeln. 1962. (342/342a)

II: Die Ausführung der Heizungs- und Lüftungsanlagen. 1966. In Vorbereitung. (343)

Industrielle Kraft- und Wärmewirtschaft von *F. A. F. Schmidt* und *A. Beckers*. 167 Seiten, 73 Abbildungen. 1957. (318/318a)

Sammlung Göschen / Bandnummernfolge

1 Langosch, Der Nibelunge Nôt
3/3a v. Ende, Maschinenelemente
9/9a Marcard-Beyer, Dampfkessel I
10 Jiriczek-Wisniewski, Kudrun und Dietrich-Epen
13/13a Lotze, Geologie
18 Maurer, Hartmann von Aue, Der arme Heinrich
19 Altheim, Römische Geschichte I
20 Hofstaetter, Dt. Sprachlehre
22 Maurer, Gottfried von Strassburg
29/29a Brauns-Chudoba, Allgemeine Mineralogie
30/30a Heissler, Kartographie
31/31a Brauns-Chudoba, Spezielle Mineralogie
32 Schneider-Wisniewski, Deutsche Heldensage
35 Treue, Dt. Geschichte von 1648—1740
37/37a Klemm, Anorganische Chemie
38/38a Schlenk, Organische Chemie
39 Treue, Dt. Geschichte von 1713—1806
42 Behn-Hoernes, Vorgeschichte Europas
44 Kresze, Physikalische Methoden in der Organischen Chemie I
45/45a Kresze, Physikalische Methoden in der Organischen Chemie II
47 Fischer-Rohrbach, Arithmetik
51/51a Ringleb, Mathem. Formelsammlung
52 Bieler, Röm. Literaturgesch. I
59 Krahe, Indog. Sprachwiss. I
60 Biehle, Stimmkunde
61 Biehle, Redetechnik
64 Krahe, Indog. Sprachwiss. II
65/65a Grotemeyer, Analyt. Geometrie
66 Berneker-Vasmer, Russische Grammatik
70 Nestle-Liebich, Gesch. d. griechischen Literatur I
71 Schulze, Allgemeine und physikalische Chemie I
76 Döring, Einf. i. d. th. Physik I
77 Döring, Einf. i. d. th. Physik II
78 Döring, Einf. i. d. th. Physik III
79/79a Hempel, Got. Elementarbuch
80 Weigert, Stilkunde I
81 Schubert-Haussner-Erlebach Vierstell. Logarithmentafeln
86 Barner, Differential- u. Integralrechnung I
96 Hartmann, Einf. in die allgem. Biologie

99 Hessenberg-Kneser, Ebene und sphär. Trigonometrie
101 v. Wiese, Soziologie
103 Dahrendorf, Industrie- und Betriebssoziologie
104/104a Hofstätter, Sozialpsychologie
111 Hoffmann-Debrunner, Gesch. der griechischen Sprache I
114 Debrunner, Gesch. der griechischen Sprache II
117 Brandenstein, Griechische Sprachwissenschaft I
118/118a Brandenstein, Griechische Sprachwissenschaft II
119 Teichmann, Statik der Baukonstruktionen I
120 Teichmann, Statik der Baukonstruktionen II
122 Teichmann, Statik der Baukonstruktionen III
128/128a Lausberg, Romanische Sprachwissenschaft I
136 Mahler-Graewe, Physikal. Formelsammlung
141 Geitler, Morphologie der Pflanzen
142 Haack, Darst. Geometrie I
143 Haack, Darst. Geometrie II
144 Haack, Darst. Geometrie III
145/145a Weimer, Gesch. der Pädagogik
148 Kolms, Finanzwissenschaft I
156/156a Landmann, Philosophische Anthropologie
170 Oehlmann, Musik des 19. Jhs.
171/171a Oehlmann, Musik des 20. Jhs.
173 Bruhns-Ramdohr, Petrographie
174 Schlingloff, Religion des Buddhismus I
180 Böhm, Versicherungsmathematik I
184 Blümcke, Textilindustrie I
196/196a Mohr, Grundlagen der allgem. Elektrotechnik
200/200a Gottschald, Dt. Rechtschreibungswörterbuch
210 Bruhns-Ramdohr, Kristallographie
220/220a Moser, Allg. Musiklehre
221/221a Jander-Jahr-Knoll, Maßanalyse
222 Hassak-Beutel-Kutzelnigg, Warenkunde I
223 Hassak-Beutel-Kutzelnigg, Warenkunde II
226/226a Hofmann, Gesch. der Mathematik I
228 Vogel, Landw. Tierzucht
231/231a Ehrlich, Gesch. Israels
238 Krahe, Germ. Sprachwiss. I
243 Mahler-Graewe, Physikal. Aufgabensammlung
247/247a Hofmann-Jander, Qualitative Analyse
250 Lausberg, Romanische Sprachwissenschaft II
252 Vetter, Elektrochemie I
253 Vetter, Elektrochemie II
257 Humburg, Gleichstrommaschine I
264 Lockemann, Gesch. der Chemie I
265/265a Lockemann, Geschichte der Chemie II
270 Kirn, Einführung in die Geschichtswissenschaft
274 Zietemann, Dampfturbinen I
279 Jacob-Hohenleutner, Quellenkunde der deutschen Geschichte I
280 Jacob-Hohenleutner, Quellenkunde der deutschen Geschichte II
281 Leisegang, Einführung in die Philosophie
282 Haltenorth, Säugetiere
284 Jacob-Weden, Quellenkunde der deutschen Geschichte III
318/318a Schmidt-Beckers, Industrielle Kraft- u. Wärmewirtschaft
319 Krug, Australien und Ozeanien
329 Scharrer, Agrikulturchemie I
330/330a Scharrer, Agrikulturchemie II
335 Klug, Fette und Öle
336 Braun-Klug, Seifenfabrikation
342/342a Körting, Heizung und Lüftung I

343 Körting, Heizung und Lüftung II
344 Moser, Musikästhetik
354/354a Valentiner-König, Vektoren und Matrizen
355 Neger-Münch-Huber, Nadelhölzer
356 Lüdemann, Fische
374 Döring, Einf. i.d.th. Physik IV
375 Preller, Geschichte Englands I
389/389a Diels-Mattick, Pflanzengeographie
391 Kolms, Finanzwissenschaft II
394/394a Schilling, Von der Renaissance bis Kant
414/414a Tafel, Hebezeuge
422 Gottschald, Dt. Personennamen
423 Adler-Erlebach, Fünfstellige Logarithmen
432 Borchers, Metallkunde I
433/433a Borchers, Metallkunde II
434 Borchers-Hanke, Metallkunde III
435 Burau, Algebr. Kurven u. Flächen I
436/436a Burau, Algebr. Kurven und Flächen II
439 Jaeckel, Würmer
440 Jaeckel, Weichtiere
441 Jaeckel, Stachelhäuter
442 Hannemann, Schwämme und Hohltiere
443 Gruner-Deckert, Krebse
444 Reichenow Einzeller
445 Asmus, Physikal.-chem. Rechenaufgaben
447/447a Herter, Kriechtiere
448 Haltenorth, Manteltiere
452 Bahrdt-Scheer, Stöchiometrische Aufgabensammlung
468 Großmann, Vermessungskunde I
469 Großmann, Vermessungskunde II
476 Thum-Meysenbug, Die Werkstoffe des Maschinenbaues I
483 Henglein, Lötrohrprobierkunde
492/492a Stolz-Debrunner-Schmid Geschichte der lateinischen Sprache
499 Niese-Küchler, Autogenes Schweißen
500 Simmel, Hauptprobleme der Philosophie
521/521a Marcard-Beyer, Dampfkessel II
536 Lehmann, Kant
538 Rumpf, Archäologie I
539 Rumpf, Archäologie II
540 Rumpf, Archäologie III
557 Nestle-Liebich, Gesch. der griech. Literatur II
561 Matthes, Werkzeugmaschinen I
562 Matthes, Werkzeugmaschinen II
564 Behn-Hoernes, Kultur der Urzeit I
565 Behn-Hoernes, Kultur der Urzeit II
566 Behn-Hoernes, Kultur der Urzeit III
571 Lehmann, Philosophie des 19. Jahrhunderts I
576/576a Moser, Gesangskunst
579 Müller-Schulze, Techn. Tabellen
580/580a Sedlaczek-Fischer-Buch, Walzwerke
583/583a Engel, Maschinen der Eisenhüttenwerke
584/584a Müller, Kinematik
585 Dehnert, Verkehrswasserbau I
587 Kalitsunakis-Steinmetz, Neugriech.-dt. Gesprächsbuch
589 Tochtermann, Maschinenzeichnen I
590 Tochtermann, Maschinenzeichnen II
594 v. Lengerken, Insekten
597 Dehnert, Verkehrswasserbau II
601 Mutschmann-Scherer, Engl. Phonetik
608/608a/608b Erman-Krückmann, Hieroglyphen
619/619a Buchwald, Kristalloptik
665 Ludin-Borkenstein, Wasserkraftanlagen I
666/666a Ludin-Borkenstein, Wasserkraftanlagen II

668 Knopp, Funktionentheorie I
677 Altheim, Röm. Geschichte II
679 Altheim, Röm. Geschichte III
684 Altheim, Röm. Geschichte IV
691 Fauser, Kulturtechn. Bodenverbesserungen I
692 Fauser, Kulturtechn. Bodenverbesserungen II
698/698a Schulze Allgemeine u. physikalische Chemie II
703 Knopp, Funktionentheorie II
708/708a/708b Meissner-Oberhuber, Keilschrift
709 Lehmann, Philosophie des 19 Jahrhunderts II
711 Kesselring, Berechnung der Schaltgeräte
714/714a zur Megede, Technik selbsttätiger Regelungen
715 Zietemann, Dampfturbinen II
716 Zietemann, Dampfturbinen III
718 Neger-Münch-Huber, Laubhölzer
728/728a Pirani-Fischer-Runge, Graph. Darstellung in Wissenschaft u. Technik
735 Ekwall, Historische neuengl. Laut- und Formenlehre
746/746a Pfanzagl, Allg. Methodenlehre der Statistik I
747/747a Pfanzagl, Allg. Methodenlehre der Statistik II
756/756a Kalitsunakis, Gramm. d. Neugriech. Volksspr.
763/763a/763b Meyer, Hebräische Grammatik I
764/764a/764b Meyer, Hebräische Grammatik II
765/765a/765b Meyer, Hebräische Grammatik III
768/768a Bieberbach, Einführung in die konforme Abbildung
769/769a Beer-Meyer, Hebräisches Textbuch
770 Schlingloff, Religion des Buddhismus II
776 Kolms, Finanzwissensch. III
780 Krahe, Germ. Sprachwiss. II
781 Weigert Stilkunde II
782/782a Kolms, Finanzwissenschaft IV
786 Schulze, Molekülbau
796/796a Meiners-Wiesenewsky, Elektr. Höchstspannungs-Schaltanlagen
807 Kropp, Erkenntnistheorie
809 Moser Harmonielehre I
810 Moser Harmonielehre II
826 Koch, Philosophie d. Mittelalters
827 Schwaiger, Elektromotorische Antriebe
831 Erismann, Allg. Psychologie I
832/832a Erismann, Allg. Psychologie II
833 Erismann, Allg. Psychologie III
834/834a Erismann, Allg. Psychologie IV
837/837a Baumgartner, Gruppentheorie
845 Lehmann, Philosophie im ersten Drittel des 20. Jhs. I
847 Herter, Lurche
850 Lehmann, Philosophie im ersten Drittel des 20 Jhs. II
851/851a Moede, Psychologie des Berufs- und Wirtschaftslebens
857 Capelle, Griech. Philosophie I
858 Capelle, Griech. Philos. II
859 Capelle, Griech. Philos. III
862 Großmann, Vermessungskunde III
863 Capelle, Griech. Philos. IV
866 Bieler, Röm. Literaturgeschichte II
869 Freye, Vögel
875 Hofmann, Geschichte der Mathematik II
877 Knopp, Aufgabensammlung zur Funktionentheorie I
878 Knopp, Aufgabensammlung zur Funktionentheorie II
881 Humburg, Gleichstrommaschine II
882 Hofmann, Geschichte der Mathematik III
883 Stuloff, Mathematik der neuesten Zeit

893 Treue, Dt. Geschichte von 1806—1890
894 Treue, Dt. Geschichte von 1890 bis zur Gegenwart
902 Müller, Dynamik I
903 Müller, Dynamik II
910 Jaeger, Afrika I
911 Jaeger, Afrika II
915 Sperber-v. Polenz, Gesch. der Deutschen Sprache
917/917a Böhm, Versicherungsmathematik II
920/920a Hoheisel, Gewöhnliche Differentialgleichungen
921 Jantzen-Kolb, W. v. Eschenbach. Parzival
924/924a Brandenstein, Griechische Sprachwissenschaft III
929 Schirmer-Mitzka, Dt. Wortkunde
930 Krull, Elementare und klassische Algebra I
931 Hasse, Höhere Algebra I
932 Hasse, Höhere Algebra II
933 Krull, Elementare und klassische Algebra II
936 Thum-Meysenbug, Werkstoffe d. Maschinenbaues II
942/942a Damerau, Polnische Grammatik
952 Schäfer, Transformatoren
953 Zipperer, Techn. Schwingungslehre I
961/961a Zipperer, Techn. Schwingungslehre II
965 Dehnert, Wehr- und Stauanlagen
970/970a Baldus-Löbell, Nichteuklidische Geometrie
972/972a Herter-Urich, Vergleichende Physiologie der Tiere I
973 Herter-Birukow, Vergleichende Physiologie der Tiere II
978 Kleinlogel, Baustoffverarbeitung und Baustellenprüfung d. Betons
984 Graf, Baustoffe des Hoch- und Tiefbaues
999/999a Kamke, Mengenlehre
1000 Jaspers, Geistige Situat. der Zeit
1003 Hoheisel, Partielle Differentialgleichung
1008/1008a Mellerowicz, Allgem. Betriebswirtschaftslehre I
1009 Bechert-Gerthsen-Flammersfeld, Atomphysik I
1014/1014a Huttenlocher-Ramdohr, Mineral- und Erzlagerstättenkunde I
1015/1015a Huttenlocher-Ramdohr, Mineral- u. Erzlagerstättenkunde II
1017 Döring, Einf. i. d. th. Physik V
1020 Niese-Dienst, Elektrische Schweißverfahren
1031/1031a Apel-Ludz, Philosophisches Wörterbuch
1033 Bechert-Gerthsen-Flammersfeld, Atomphysik II
1034 Kranefeldt-Jung Therapeutische Psychologie
1035 Altheim, Röm. Religionsgeschichte I
1039 Dovifat, Zeitungslehre I
1040 Dovifat, Zeitungslehre II
1044 Tölke, Talsperren
1045 Schubert, Technik des Klavierspiels
1051/1051a Stolberg-Wernigerode, Gesch. d. Vereinigten Staaten
1052 Altheim, Röm. Religionsgeschichte II
1059/1059a Hoheisel, Aufgabenslg. z. d. gew. u. part. Differentialgleichungen
1061 Grodzinski-Lechner, Getriebelehre I
1062 Grodzinski-Lechner, Getriebelehre II
1065 Haller-Dannenbauer, Von d. Karolingern zu den Staufern
1070 Sauter, Differentialgleichungen der Physik
1074 Koschmieder, Variationsrechnung I
1075 Koschmieder, Variationsrechnung II
1076/1076a Endres, Verbrennungsmotoren I

1077 Haller-Dannenbauer, Von den Staufern zu den Habsburgern
1078 Troche, Stahlbetonbau
1082 Hasse-Klobe, Aufgabensammlung zur höheren Algebra
1084/1084a Grigull, Techn. Thermodynamik
1085 Lietzmann-Aland, Zeitrechnung
1086 Müller, Dt. Dichten und Denken
1088 Preller, Gesch. Englands II
1092 Wickop, Fenster, Türen, Tore
1094 Hernried, System, Modulation
1096 Viëtor, Dt. Dichten und Denken
1099 Hoheisel, Integralgleichungen
1105 Hartung, Dt. Geschichte im Zeitalter der Reformation
1108 de Boor-Wisniewski, Mittelhochdeutsche Grammatik
1109 Knopp, Elemente der Funktionentheorie
1111/1111a Naumann-Betz, Althochdt. Elementarbuch
1113/1113a Strubecker, Differentialgeometrie I
1114 Schubel, Engl. Literaturgeschichte I
1115/1115a Ranke-Hofmann, Altnord. Elementarbuch
1116 Schubel, Engl. Literaturgeschichte II
1117 Haller-Dannenbauer, Eintritt der Germanen in die Geschichte
1121 Naumann, Dt. Dichten u. Denken
1122 Feist, Sprechen und Sprachpflege
1123/1123a Bechert-Gerthsen-Flammersfeld, Atomphysik III
1124 Schubel, Engl. Literaturgeschichte III
1125 Lehnert, Altengl. Elementarbuch
1127 Hartmann, Geschlecht u. Geschlechtsbestimmung im Tier- und Pflanzenreich
1128 Buchner, Symbiose d. Tiere
1130 Dibelius-Kümmel, Jesus
1131 Scholz-Schoeneberg, Einführung in die Zahlentheorie
1132 Frühauf, Überspannungen
1134 Kuckuck, Pflanzenzüchtung I
1135 Lehnert, Beowulf
1137 Heil, Entwicklungsgesch. d. Pflanzenreiches
1138 Hämmerling, Fortpflanzung im Tier- und Pflanzenreich
1140 Unger, Induktionsmaschine
1141 Koller Hormone
1142 Meissner-Lehnert, Shakespeare
1144 Gehler-Herberg, Festigkeitslehre I
1145/1145a Herberg-Dimitrov, Festigkeitslehre II
1146 Putz, Synchronmaschine
1147 v. Waltershausen, Kunst d. Dirigierens
1148 Pepping, Der polyphone Satz I
1152 Dehnert, Verkehrswasserbau III
1153/1153a Mellerowicz, Allgem. Betriebswirtschaftslehre II
1154/1154a Mellerowicz, Allgem. Betriebswirtschaftslehre III
1155 Schwartz, Mikrobiologie I
1156/1156a Meinke, Komplexe Berechnungen v. Wechselstromschaltungen
1157 Schwartz, Mikrobiologie II
1158/1158a Mayrhofer, Sanskrit-Grammatik
1159 Jungbluth, Gießereitechnik I
1160 Dibelius-Kümmel, Paulus
1161 Kaestner, Spinnentiere
1162 Seidel, Entwicklungsphysiologie der Tiere I
1163 Seidel, Entwicklungsphysiologie der Tiere II
1164/1164a Pepping, Der polyphone Satz II

1165/1165a Bechert-Gerthsen-Flammersfeld Atomphysik IV
1169 Paulsen, Allgemeine Volkswirtschaftslehre I
1170 Paulsen, Allgemeine Volkswirtschaftslehre II
1171 Paulsen, Allgemeine Volkswirtschaftslehre III
1172 Paulsen, Allgemeine Volkswirtschaftslehre IV
1173/1173a Hamann-Funke-Hermann, Chemie der Kunststoffe
1176/1176a Lorenzen, Form Logik
1178/1178a Kuckuck, Pflanzenzüchtung II
1179/1179a Strubecker Differentialgeometrie II
1180/1180a Strubecker. Differentialgeometrie III
1181 Franz, Topologie I
1182/1182a Franz, Topologie II
1183/1183a Nicolas, Finanzmathematik
1184/1184a Endres, Verbrennungsmotoren II
1185/1185a Endres, Verbrennungsmotoren III
1186/1186a Mellerowicz, Allgem. Betriebswirtschaftslehre IV
1187 Lau, Luther
1188/1188a Lehmann, Photogrammetrie
1189/1189a Päsler, Mechanik
1190 Stupperich. Melanchthon
1191/1191a Bräuer, Slav. Sprachwissenschaft I
1193 Fürstenberg, Wirtschaftssoziologie
1194 Wendt, Gesch. d. Volkswirtschaftslehre
1195 Ohm Allgem. Volkswirtschaftspolitik I
1196 Ohm, Allgem. Volkswirtschaftspolitik II
1197/1197a Onasch, Einf. in die Konfessionskunde der orthodoxen Kirchen
1198 Engel, Straßenverkehrstechnik
1199 Lausberg, Romanische Sprachwissenschaft III, 1. Teil
1200/1200a Lausberg, Romanische Sprachwissenschaft III, 2. Teil
1201/1201a Dehn, Versuche zur allgem. u. phys. Chemie
1202/1202a Nagel, Gesch. des christl. Gottesdienstes
1203 Wendland, Sozialethik
1204 Scheurig, Zeitgeschichte
1205/1205a Hofmann Ideengeschichte d. soz. Bewegung
1206/1206a Langen Lineare Programmierung
1208 Lausberg, Romanische Sprachwissenschaft IV
1209/1209a Bock, Therm. Verfahrenstechnik I
1210/1210a Bock. Therm. Verfahrenstechnik II
1211/1211a Bock, Therm. Verfahrenstechnik III
1212/1212a Hilf, Arbeitswissenschaft
1213/1213a Kosiol, Buchhaltung und Bilanz
1216/1216a Bauer, Wahrscheinlichkeitstheorie I
1217 Bauer, Wahrscheinlichkeitstheorie II
1218/1218a/1218b Meid, Germ. Sprachwiss. III
1219 Schmidt-Clausing, Zwingli
1220/1220a Zemann, Kristallchemie
1221 Gerdes, Kierkegaard
1222 Tschižewskij, Slav. Literaturen I
1223 Tschižewskij, Slav. Literaturen II

Autorenregister

Printed in Germany 150. II. 66

FSC
www.fsc.org
MIX
Papier | Fördert
gute Waldnutzung
FSC® C083411

Zeitfracht Medien GmbH
Ferdinand-Jühlke-Straße 7
99095 Erfurt, Deutschland
produktsicherheit@kolibri360.de

nieren, der aber nicht kubische, sondern hexagonale Symmetrie besitzt. Er wird nach einer als Mineral vorkommenden Modifikation (vgl. S. 108) des ZnS als Wurtzit-Typ bezeichnet. Seine kristallchemische Formel ist $A^{[4]}B^{[4]}h$; die Beziehung zum Zinkblende-Typ ist ähnlich wie die der hexagonalen Dichtestpackung zur kubischen Dichtestpackung. Abb. 54 gibt die Atomanordnung im Schrägriß. Tab. 21 bringt einige Vertreter für diese beiden Strukturtypen. Die Bindungsart liegt wohl meist zwischen rein ionar und rein kovalent (vgl. S. 111).

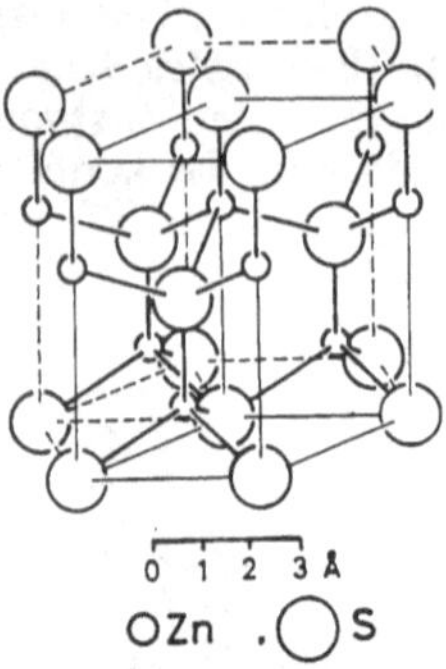

Abb. 54. Wurtzit, $Zn^{[4]}S^{[4]}h$; $a_0 = 3{,}81$ Å, $c_0 = 6{,}23$ Å.

Tab. 21. Einige Vertreter des Zinkblende- und des Wurtzit-Typs

Zinkblende-Typ		Wurtzit-Typ		
Substanz	a_0 (Å)	Substanz	a_0 (Å)	c_0 (Å)
β-SiC	4,35	2H-SiC	3,08	5,05
GaP	5,45	AlN	3,11	4,98
GaAs	5,65	GaN	3,18	5,17
GaSb	6,12	InN	3,53	5,69
InP	5,87			
InAs	6,04	BeO	2,70	4,38
InSb	6,48	ZnO	3,25	5,21
		ZnS²)	3,81	6,23
BeS	4,85	CdS	4,13	6,75
ZnS¹)	5,41	CdSe	4,30	7,02
CuCl	5,41	AgJ	4,58	7,49
CuBr	5,69			
CuJ	6,04			

¹) stabil unter 1020° C.
²) stabil über 1020° C.